西北旱区生态水利学术著作丛书

流场可视化技术及其在水环境中的应用

程 文 王 敏 孟 婷 著

U0304856

科学出版社

北 京

内 容 简 介

本书结合可视化技术、流体力学、水处理工艺、水环境生态等多门学科的知识，系统地讲述流体可视化技术的基本理论、水环境中流场的测量技术、水体中气相速度场和液相速度场的可视化技术以及流场可视化在水环境中的应用，并以水处理反应器曝气池、水工构筑物柔性坝及鱼道为例，对可视化技术的应用进行介绍。全书分为 6 章，分别为绪论、流场测量技术、气相速度场的可视化、液相速度场的可视化、曝气池中流体可视化的研究与应用以及流场可视化应用实例。

本书可供研究水环境中水体运动规律的环境科学与工程、给水排水工程、水力学等专业高等院校师生和科研人员参考使用。

图书在版编目(CIP)数据

流场可视化技术及其在水环境中的应用 / 程文，王敏，孟婷著. —北京：科学出版社，2019.1

（西北旱区生态水利学术著作丛书）

ISBN 978-7-03-059422-8

Ⅰ.①流… Ⅱ.①程… ②王… ③孟… Ⅲ.①流场-可视化仿真-应用-水环境-研究 Ⅳ.①X143-39

中国版本图书馆 CIP 数据核字(2018)第 252627 号

责任编辑：祝 洁 杨 丹 / 责任校对：郭瑞芝
责任印制：张 伟 / 封面设计：迷底书装

科 学 出 版 社 出版
北京东黄城根北街 16 号
邮政编码：100717
http://www.sciencep.com

北京中石油彩色印刷有限责任公司 印刷
科学出版社发行 各地新华书店经销

*

2019 年 1 月第 一 版 开本：720×1000 B5
2019 年 1 月第一次印刷 印张：12 3/4
字数：257 000

定价：90.00 元
（如有印装质量问题，我社负责调换）

《西北旱区生态水利学术著作丛书》学术委员会

（以姓氏笔画排序）

主　任：王光谦

委　员：许唯临　杨志峰　沈永明

　　　　张建云　钟登华　唐洪武

　　　　谈广鸣　康绍忠

《西北旱区生态水利学术著作丛书》编写委员会

（以姓氏笔画排序）

主　任：周孝德

委　员：王全九　李　宁　李占斌

　　　　罗兴锜　柴军瑞　黄　强

总　序　一

　　水资源作为人类社会赖以延续发展的重要要素之一，主要来源于以河流、湖库为主的淡水生态系统。这个占据着少于1%地球表面的重要系统虽仅容纳了地球上全部水量的0.01%，但却给全球社会经济发展提供了十分重要的生态服务，尤其是在全球气候变化的背景下，健康的河湖及其完善的生态系统过程是适应气候变化的重要基础，也是人类赖以生存和发展的必要条件。人类在开发利用水资源的同时，对河流上下游的物理性质和生态环境特征均会产生较大影响，从而打乱了维持生态循环的水流过程，改变了河湖及其周边区域的生态环境。如何维持水利工程开发建设与生态环境保护之间的友好互动，构建生态友好的水利工程技术体系，成为传统水利工程发展与突破的关键。

　　构建生态友好的水利工程技术体系，强调的是水利工程与生态工程之间的交叉融合，由此生态水利工程的概念应运而生，这一概念的提出是新时期社会经济可持续发展对传统水利工程的必然要求，是水利工程发展史上的一次飞跃。作为我国水利科学的国家级科研平台，西北旱区生态水利工程省部共建国家重点实验室培育基地（西安理工大学）是以生态水利为研究主旨的科研平台。该平台立足我国西北旱区，开展旱区生态水利工程领域内基础问题与应用基础研究，解决若干旱区生态水利领域内的关键科学技术问题，已成为我国西北地区生态水利工程领域高水平研究人才聚集和高层次人才培养的重要基地。

　　《西北旱区生态水利学术著作丛书》作为重点实验室相关研究人员近年来在生态水利研究领域内代表性成果的凝炼集成，广泛深入地探讨了西北旱区水利工程建设与生态环境保护之间的关系与作用机理，丰富了生态水利工程学科理论体系，具有较强的学术性和实用性，是生态水利工程领域内重要的学术文献。丛书的编纂出版，既是对重点实验室研究成果的总结，又对今后西北旱区生态水利工程的建设、科学管理和高效利用具有重要的指导意义，为西北旱区生态环境保护、水资源开发利用及社会经济可持续发展中亟待解决的技术及政策制定提供了重要的科技支撑。

中国科学院院士　王光谦

2016年9月

总　序　二

近 50 年来全球气候变化及人类活动的加剧,影响了水循环诸要素的时空分布特征,增加了极端水文事件发生的概率,引发了一系列社会-环境-生态问题,如洪涝、干旱灾害频繁,水土流失加剧,生态环境恶化等。这些问题对于我国生态本底本就脆弱的西北地区而言更为严重,干旱缺水(水少)、洪涝灾害(水多)、水环境恶化(水脏)等严重影响着西部地区的区域发展,制约着西部地区作为"一带一路"桥头堡作用的发挥。

西部大开发水利要先行,开展以水为核心的水资源-水环境-水生态演变的多过程研究,揭示水利工程开发对区域生态环境影响的作用机理,提出水利工程开发的生态约束阈值及减缓措施,发展适用于我国西北旱区河流、湖库生态环境保护的理论与技术体系,确保区域生态系统健康及生态安全,既是水资源开发利用与环境规划管理范畴内的核心问题,又是实现我国西部地区社会经济、资源与环境协调发展的现实需求,同时也是对"把生态文明建设放在突出地位"重要指导思路的响应。

在此背景下,作为我国西部地区水利学科的重要科研基地,西北旱区生态水利工程省部共建国家重点实验室培育基地(西安理工大学)依托其在水利及生态环境保护方面的学科优势,汇集近年来主要研究成果,组织编纂了《西北旱区生态水利学术著作丛书》。该丛书兼顾理论基础研究与工程实际应用,对相关领域专业技术人员的工作起到了启发和引领作用,对丰富生态水利工程学科内涵、推动生态水利工程领域的科技创新具有重要指导意义。

在发展水利事业的同时,保护好生态环境,是历史赋予我们的重任。生态水利工程作为一个新的交叉学科,相关研究尚处于起步阶段,期望以此丛书的出版为契机,促使更多的年轻学者发挥其聪明才智,为生态水利工程学科的完善、提升做出自己应有的贡献。

中国工程院院士

2016 年 9 月

总 序 三

我国西北干旱地区地域辽阔、自然条件复杂、气候条件差异显著、地貌类型多样，是生态环境最为脆弱的区域。20 世纪 80 年代以来，随着经济的快速发展，生态环境承载负荷加大，遭受的破坏亦日趋严重，由此导致各类自然灾害呈现分布渐广、频次显增、危害趋重的发展态势。生态环境问题已成为制约西北旱区社会经济可持续发展的主要因素之一。

水是生态环境存在与发展的基础，以水为核心的生态问题是环境变化的主要原因。西北干旱生态脆弱区由于地理条件特殊，资源性缺水及其时空分布不均的问题同时存在，加之水土流失严重导致水体含沙量高，对种类繁多的污染物具有显著的吸附作用。多重矛盾的叠加，使得西北旱区面临的水问题更为突出，急需在相关理论、方法及技术上有所突破。

长期以来，在解决如上述水问题方面，通常是从传统水利工程的逻辑出发，以人类自身的需求为中心，忽略甚至破坏了原有生态系统的固有服务功能，对环境造成了不可逆的损伤。老子曰"人法地，地法天，天法道，道法自然"，水利工程的发展绝不应仅是工程理论及技术的突破与创新，而应调整以人为中心的思维与态度，遵循顺其自然而成其所以然之规律，实现由传统水利向以生态水利为代表的现代水利、可持续发展水利的转变。

西北旱区生态水利工程省部共建国家重点实验室培育基地（西安理工大学）从其自身建设实践出发，立足于西北旱区，围绕旱区生态水文、旱区水土资源利用、旱区环境水利及旱区生态水工程四个主旨研究方向，历时两年筹备，组织编纂了《西北旱区生态水利学术著作丛书》。

该丛书面向推进生态文明建设和构筑生态安全屏障、保障生态安全的国家需求，瞄准生态水利工程学科前沿，集成了重点实验室相关研究人员近年来在生态水利研究领域内取得的主要成果。这些成果既关注科学问题的辨识、机理的阐述，又不失在工程实践应用中的推广，对推动我国生态水利工程领域的科技创新，服务区域社会经济与生态环境保护协调发展具有重要的意义。

中国工程院院士

2016 年 9 月

前　言

在流体力学研究领域，如何将流场信息可视化，一直是有关专家学者关注的热点问题之一。流场可视化能够将流体力学的多种复杂物理参量，如压力、密度、速度、动能及涡量等，以一种直观、形象的结果显示出来，便于研究者直接认识和观察流体全部或者局部的运动方式、形态特征及能量分布等。这对解决生产生活中流体力学问题有着非常重要的意义。

目前常用的流场可视化技术主要有直接流场可视化、基于几何形状的流场可视化及基于纹理的流场可视化。国内外的诸多学者利用可视化的技术和手段在反应器优化设计、河流湖泊水环境保护、流体机械故障诊断等各个领域的理论与实践中取得了重要研究成果。

本研究团队历时多年，在环境流体力学，尤其是多相流测量技术领域，围绕液相速度测量与气相速度获取两个主要问题，采用 PIV 等先进的测试手段和图像逆解析的技术方法，探讨了多相流中流体的可视化问题，丰富了流场可视化技术理论，扩展了流场可视化技术的应用范围，在一定程度上推动了流场可视化技术的发展。

本书第 1 章为绪论，主要介绍水环境中的流动问题，以及解决水体流动问题的可视化技术等。第 2 章主要介绍常见的流场测量技术，并对水环境中应用较多的粒子图像测速技术和流场测量过程中的相关参数进行了系统论述。第 3 章对气相速度场获取的预处理、相关算法以及数据的后处理进行介绍。第 4 章对液相速度场的获取进行介绍，并对不需要进行相分离的逆解析技术进行系统论述。第 5 章主要对水处理反应器中的流场进行研究，以曝气池为例，介绍测量曝气池内流场的装置，分析曝气池内气泡的运动规律和氧传质规律，并结合气泡的运动规律对水处理效果的优化进行陈述。第 6 章研究流场可视化技术在实际环境中的应用，以水库、沙棘柔性坝和鱼道为例，介绍大型流场模型中流场的可视化，并对其流场进行分析。

本书是国家自然科学基金项目（50679071、51076130），西安交通大学动力工程多相流国家重点实验室开放课题（液固两相流化床反应器中流体力学特性研究、液固两相流化床反应器中运动规律的研究、高空隙率条件下气液两相流图像处理研究），陕西省教育厅重点实验室科学研究计划项目（08JZ50），中国博士后科学基金项目（20070410378）等部分研究成果的总结。在课题研究和书稿撰写期间得到了许多专家学者的指导与帮助。课题组成员万甜、任杰辉、刘吉开、阮天鹏、吕涛涛、张晓涵、师雯洁、路程、李奇宸等多位研究生在数据处理、图表绘制及内容校对等方面付出了辛勤劳动，做了大量工作，在此表示感谢。本书的出版得到国家自然科学基金项目（51679192）、中国博士后科学基金项目（2018M633548）、广东省水利厅重点项目（2015-06）、陕西省重点研发计划项目（2017SF-392）及陕西水利科技计划项目（2014slkj-12）的资助。

限于作者水平，书中难免有疏漏和不足之处，敬请读者批评指正。

作　者

2018 年 5 月

目　　录

第1章 绪 论

水是生命之源、生产之要、生态之基，人类的生活、社会的发展、生态的可持续都离不开水资源。而水环境中的水体大多处于流动状态，以往研究的水体静态模型很难解决一些实际的水环境问题，故而研究水体运动规律显得尤为重要。

1.1 水环境问题与流场可视化

我国很早就将水用于农业生产，现在更是兴建了各种大型水利工程来满足人们生产生活的需要（如发电、航运、灌溉等）。然而，水利设施在建造和运营的过程中，不仅会破坏原有的生态环境，也会因水动力的问题对工程结构产生一定的影响。例如，一些大坝建成后，水头过高、水流泄量过大、射流水舌集中，会造成雾化及溅水，从而影响下游发电厂房的运行和大坝本身的安全。同时，大坝的修建阻断了洄游鱼类的洄游通道，造成洄游鱼类的减少，甚至灭绝。什么样的水力条件会危害大坝？什么样的过鱼通道能形成稳定的流场，满足鱼类的洄游要求？这些都需要对水体的流动规律有更进一步的了解。

在水处理领域，随着我国污水排放标准日趋严格，传统的水处理工艺难以达到排放标准，因而多种新型高效的水处理工艺和设施应运而生。例如，各类型的生物流化床反应器、生物膜反应器等，具有耐冲击负荷强，处理效率高，占地面积小的特点，是水处理领域研究的热点。而反应器中流体的运动状态与污染物的降解效果密切相关，什么样的流场条件、怎样的掺氧量才能达到最佳处理效果？这也需要对反应器内流体的流动规律有充分的认识和了解。

1.1.1 水利设施与流体运动

在水利设施建设中，我国相继建设了三峡、葛洲坝、二滩、溪洛渡等大型水利工程。与此相对应的一些水力学问题也相继暴露出来，水头高、下泄流量大、射流水舌集中，造成雾化及溅水，影响下游发电厂房运行的同时危害坝身安全，均需要利用水工水力学的研究成果来解决（李建中等，1994）。水工水力学就是研究水流在高速情况下的运动规律及应用这些规律解决工程实际问题的科学。水工水力学包括两部分：一部分是对水流的运动规律的研究；另一部分则是应用这些规律来解决水利工程中的实际问题。我国水工水力学流动问题的研究大多是从 20 世纪 50 年代后期开始的，经过半个世纪的不断发展和进步，水工水力学流动测量问题已经取得了很大的进展，尤其是在掺气水流流动速度测量方面。水流的掺气是一个很复杂的研究课题，在水利工程中，水气两相流的例子很多。例如，高水头泄水建筑物中的水流，由于水头高、流速大、紊动强，常常把周围的空气卷入水流中以达到减蚀、消能的目的。掺气水流的运动规律与不掺气有明显的不同，它对水工建筑物可产生多种有利或不利的影响（李建中等，1994）：

（1）水流掺气能增强消能作用，减轻水流对下游的冲刷。

（2）水流掺气会使水气混合体具有可压缩性，可缓冲空蚀的冲击作用，减免空蚀破坏。

（3）掺气使水深增加，因而需要增加明槽边墙的设计高度，提高了工程造价。

（4）无压泄洪洞中，如果对水流掺气估计不足，洞顶空间余幅过小，可能造成有压或无压流交替，水流不间断的交替，威胁洞顶的安全。

（5）水流掺气对河流复氧也有明显的效果，有利于改善环境。

因此，在实际水利工程中，水工水力学掺气问题的研究有很强的理论意义和实践意义。泄水建筑物消能设施的合理选择是关系到整个水利水电工程安全与经济的重要问题。然而，传统的水力学方法对流场内部的水流特性了解不够，不能科学准确地预测不同边界条件下水流运动特性（张明亮，2004），也就无法很好地指导工程实践。

对水体流场的水力要素进行准确测量、提供翔实可靠的实验数据是水工模型发展的关键。但由于水工模型尺度一般比较大，需要观测的范围比较广，使用毕托管、热线流速计及激光多普勒测速仪等单点测量仪器测量流场费时又费力；尤其对动床模型、河工模型或非定常流动模型，床面及边界形态在不断变化之中，单点测量仪器的使用有一定的局限性；而且这些技术的测量精度往往不能满足科学研究的需求；另外，常规仪器的测量方式多为接触式测量，测量过程中难免对实际的流场产生干扰，进而影响测量的精度（田文栋等，2000）。

随着各类学科的发展，不同学科之间的交叉越来越多，在水土保持（王张斌等，2008）、泵站建设（何继业，2009）、鱼道建设（吕强，2016）等水力学或者生态学工程与实践方面，流体动力学也发挥了相当大的作用。研究在各种水工模型及水利生态设施中的流场、流速测量的准确性对指导各类工程建设，提高水工建筑物的寿命以及为区域生态环境建设的决策提供理论和技术支撑等方面有着重要的意义。

1.1.2　水处理反应器中的流体

在水处理工程中，能进行水处理效应的单元构筑物、设备和容器都可以称为反应器。流体是水处理反应器中物质和能量传递的主要载体，反应器的水力学特性直接影响反应器的混合过程，制约着反应器的处理效果。利用可视化技术手段研究反应器的流体特性和水力学特性，结合反应器的基本原理建立反应器模拟和分析的数学模型，对反应器的设计和运行状况进行科学分析，将为水处理反应器的优化设计与运行开辟一条新的研究思路（范茏，2012）。

目前我国对各类水处理反应器的设计多是依据给水排水设计手册和相关规范中确定的经验参数和公式进行，这些经验参数和公式是根据大量工程实践总结得出的，使用简捷方便，在多年的实际应用中取得了一定的效果，为水处理工程的设计和运行提供了有力的支持。但在设计过程中，也存在设计参数范围较广、参数选择经验性较强的问题，一旦参数略有差异，可能对水处理反应器的水力混合过程和处理效果造成不利影响。大量研究成果表明，仅依据经验公式设计的水处理反应器不能保证水力混合状态良好，也无法对其运行效果进行较为精确的预测，更无法实现水处理反应器的优化设计和运行（范茏，2012）。

1. 反应器中流体的流动

曝气池（图 1.1）是当前水处理工艺中一种高效的水处理反应器，其基本原理是通过气体的定向流动，带动反应器内部流场有规则循环流动，从而强化流场中反应物之间的扩散、混合、传热及传质等作用。曝气池是以气体为动力，使气液混合物形成有序循环（Qing et al.，2012）。气体通入反应器后，带动气液混合物向上流动，直至其气泡上升至液面处破裂，气体排出。部分气液混合物则在流场的带动作用下下沉，形成气液循环。在气相的低通量下，一般只有液相循环，高通量下则为气液循环（洪文鹏等，2011）。

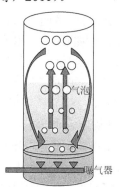

图 1.1 曝气池示意图

曝气池结合了喷射与环流的特点，在流体的剪切作用下使气相在流场中破碎成非常小的气泡，能够最大限度地提高气液接触面积，维持单位推动力下的流动、传热及传质效率。另外，流体喷射动能和静压差产生的规则循环流动可以加强相间的接触，从而提高单位体积的反应效率（Chaudhri et al.，2014.）。由于独特的流体力学性能，曝气池具有如下突出特点：反应、传热、传质效率高；结构简单，成本低；流化效果好，可以使加入的固体颗粒完全流化；能量耗散均匀。

曝气池中流场的流动结构和特征对反应器的操作和性能有重大影响。因此，对反应器内流场形态以及流型间过渡的研究非常重要。当反应器内部流场流型发生转变，流场的流体力学特性将发生显著变化，进而会对反应器的处理效能产生直接影响。人们通常根据表观气速的大小对流型进行分类，主要有三种：均相流、非均相流和柱塞流，见图 1.2（Valswcchi，2013）。当表观气速低于 5cm/s 时产生的气液两相流动一般为均相流。当表观气速高于 5cm/s 时产生的流动为非均相流。柱塞流是在实验室条件下的高气速小直径反应器中才会出现的流动形态（Miller，1980）。

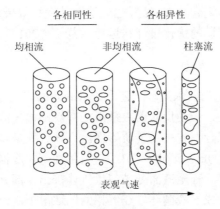

图 1.2　不同类型流型示意图

气泡羽流是反应器中常见的一种气液两相流，当连续地把气体释放进液体中去，受气流与周围液体中压力而产生的浮力，以及气液交界面处表面张力之间的不平衡等因素的影响，气流破碎形成气泡，在气泡作用下带动液体形成向上的流动，这一流动即为气泡羽流（万甜，2009）。

均匀环境中，气泡羽流在形成过程中经历了三个阶段（图 1.3）：①形成区，在该阶段气流破碎成气泡，并与周围液体混合，羽流宽度和轴线流速快速增长；②形成后区，此时羽流宽度和轴线流速的增加开始变得缓慢，其外边缘延长线将相交于喷口下方一点；③表面流区，气泡羽流上升至液体表面附近时，羽流转向水平方向流动，形成具有垂向速度梯度的表面流区（万甜，2009）。

曝气池中气液两相流体系中的流场形态在一定程度上反映了气液两相之间复杂的相互作用，其流场形态在很大程度上取决于气泡的动力学特征。对气泡的形成、上升、速度、形态及聚并与破碎等动力学特征进行研究，有助于深入分析气液两相流场中的相间作用机理。气泡上升过程中会受到浮力、曳力、虚拟质量力及湍流扩散力等作用，同时也会受到反应器形状、大小及环境温度、操作条件等综合因素的影响（Husmerier et al.，2014）。

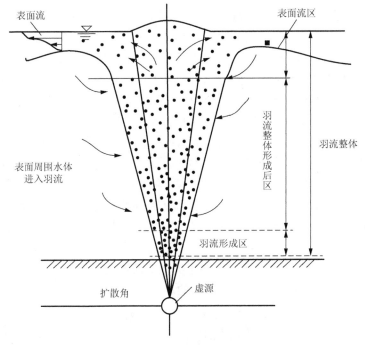

图 1.3　气泡羽流的形成

2. 曝气池中气泡的动力学特性

1）气泡在两相流中的形成过程

气泡的形成经历了膨胀阶段和脱离阶段。膨胀阶段中气体在曝气流量提供的动量作用下，气泡逐渐膨胀，同时气泡的下边缘和曝气孔口一直保持着接触不发生分离；随着气体继续进入气泡，气泡底部开始从曝气孔口向上移动，进入脱离阶段，在该阶段气泡与曝气孔口进行接触呈现出细颈形式，细颈会随着时间的推移越来越细，最后逐渐消失，气泡与孔口脱离，脱离的气泡初始形态一般为球形上升。在连续曝气的方式下，新的气泡又会产生。气泡的形成过程如图 1.4 所示（徐婷婷，2009）。

图 1.4　气泡的形成过程

2）气泡在两相流中的流体力学特性

气泡的大小及运动形态与鼓入气泡的方式、曝气器的类型和孔径、曝气强度

（气体表观速度）、操作条件、液体的黏度、密度及表面张力等因素有关，这些因素会影响气泡的形状、次级流的强度、激发漩涡的形态和尾迹区的范围等气液两相流的流动特征。在曝气强度较低的情况下，气泡的大小主要取决于气体分布器的孔径，这是因为在流量较低的情况下约束力主要是由表面张力引起的，曝气孔径如果增加，所产生的气泡尺寸就会增大。只有在低流量的情况下，表面张力才会产生影响，若流量高于一定程度，则表面张力的影响可以忽略不计。如果处于流量较高、表面张力较小、孔径较小的情况，随着液体黏度的增大，气泡尺寸的增大则相对明显，液体的密度对气泡大小的影响较为复杂，只有当液体黏度和流量均较小时，液体密度的增大会引起气泡体积的减小；如果液体的流量较大，但液体黏度和孔径较小时，则气泡的大小和液体的密度无关。气泡形状随着气泡的增大从圆球状变成椭球状再变成球帽状。气泡的形状还与雷诺数有关。

气泡在液相中的上升运动后面产生了次级流（secondary flow），甚至产生尾迹区（wake region）。不同形态气泡产生的次级流激发的漩涡如图 1.5 所示。不同形状气泡所产生的次级流的形态是不同的。

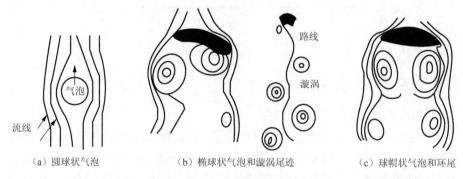

（a）圆球状气泡　　　（b）椭球状气泡和漩涡尾迹　　　（c）球帽状气泡和环尾

图 1.5　气泡的形状和激发的漩涡

各种形状气泡的性质特征可以概括为以下几种。

（1）圆球状气泡。圆球状气泡的典型直径小于 1mm，可以看作比周围液体轻的固体颗粒。单个气泡的最终上升速度大致符合斯托克斯定律（Re<1）：

$$u_{b}=\frac{gd^{2}\left(\rho_{l}-\rho_{g}\right)}{18\eta_{l}} \tag{1.1}$$

式中，u_{b} 为气泡的上升速度；g 为重力加速度；d 为气泡直径；ρ_{l} 为液相密度；ρ_{g} 为气相密度；η_{l} 为液相黏度。

由斯托克斯定律可以估算出直径 1mm 的气泡在水中的上升速度为 0.15m/s。此种气泡体积比较小，形状处于气泡特征图的左下方，此时在球形气泡周围没有边界层分离和次级流，也没有次级流激发的漩涡，因此剪切力和尾流的作用均比较弱。在 SMBR 反应器内圆球状气泡通常是成群地上升，由于气泡间的拖曳力作用，气泡上升速度要比理论计算得到的小很多。同时式（1.1）也表明，气泡的上升速度与液体的黏度成反比，因此在膜生物反应器实际污水中气泡的上升流速要比水中的更小。

（2）椭球状气泡。椭球状气泡的典型直径在 1.5~15mm。当曝气孔产生直径较大的气泡时，随着气泡上升过程中所受水压力的减少，气泡体积膨胀，上升过程中会发生明显的变形。由于受垂直方向水压的影响，气泡由圆球体变成水平方向为长轴，垂直方向为短轴的椭球状气泡。椭球状气泡在气泡边缘会与液体产生边界层分离点，此点沿气泡边缘移动，形成尾流。气泡上升时呈现螺旋式上升，并且气泡的直径越大，螺旋直径也就越大。在边界层的分界点上会出现次级流激发而产生螺旋状漩涡。理论上，气泡上升的速度由固体颗粒在水中沉降速度经过换算得到，直径 4~5mm 的气泡在水中的流速差异不大，约为 0.24m/s。一些研究结果表明，气泡的直径在 2~15mm 时，气泡在水体中的上升速度为 0.22~0.26m/s。在气泡群和较黏稠的液体里，这一数值还要偏小。

（3）球帽状气泡。一般来说，直径大于 15mm 的大气泡呈现球帽状。在气泡边缘处开始形成边界层分离，周围被环形激涡屏蔽。形成尾迹区的体积大约为气泡体积的 4.5 倍。这类气泡变形很大，并且很不稳定，容易破碎形成较小的气泡，也容易与周围的气泡发生碰撞并合并成更大的气泡。球帽状气泡会产生激烈的二级次流效应，并显著提高液体局部的混合作用。在水中，气泡的上升速度可以按照公式（1.2）进行计算：

$$u_b = 0.71 \left(gd \right)^{0.5} \tag{1.2}$$

式中，u_b 为气泡的上升速度；g 为重力加速度；d 为气泡直径。

根据式（1.2），直径为 20mm 的气泡在水中的上升速度大约为 0.3m/s。

气泡在液体中的上升速度会随着气泡体积的增大而变快，也有一些研究者给出了气泡上升速度的经验公式，球形气泡的上升速度可以由戴维斯和泰勒表达式给出：

$$u_b = \frac{2}{3} \left(gr_c \right)^{0.5} \tag{1.3}$$

式中，u_b 为气泡的上升速度；g 为重力加速度；r_c 为球帽状气泡的半径。

大气泡的经验关联式为

$$U = kV_b^m \tag{1.4}$$

式中，U 为气泡的上升速度；V_b 为气泡的体积；k 和 m 均为莫顿准数系数。

总结以上的关系式可知，对于所有形状的气泡，气泡的上升速度都会随着流量的增加而变快。

有研究者经过受力分析和建立方程得出气泡在液体中的上升速度和气泡直径的关系为：气泡直径越小，其上升的速度也就越小。在竖直的管道中，气泡的运动可以划分为简单的小气泡运动和大气泡运动。大气泡运动就是柱塞流流动，在气泡运动的后面形成影响范围更宽、速度更大的尾迹区，对周围液体的扰动作用更剧烈，迅速地促进局部气液两相的混合，但当气泡的尺寸增大到一定程度后继续增大，尾迹区就会不断减小，这时对整个流场的混合很不利。另外，在液体中运动气泡的行为会受到液体黏度的影响，有人提出随着液体黏度的降低，气泡上升的轨迹会从一维变为三维，这种转变是由于不同的气泡尾流结构所引起的。目前，针对气泡动力学的研究也是两相流研究领域的热点。

各类反应器中气液两相流的研究有着广泛的前景，对提高生产效率和降低能耗具有重要的实际意义，但是迄今人们对气液两相流中的许多问题（如湍流、非定常流动、传质过程等）了解甚少，对两相相互作用、两相传质、两相流动的运动规律不甚清楚。因此，采取新的有效的技术措施与科学方法，系统深入研究气液两相流的运动规律和传质机理对于提高反应器的反应效率、优化反应器结构都有重大意义。

1.2 可视化技术

随着计算技术的发展，数值方法应用于各个研究领域中，如何有效分析处理其数值解，一直是亟待解决的问题。1986 年 10 月，美国国家科学基金会（National Science Foundation，NSF）在华盛顿主办了一次重要会议——"图形、图像处理和工作站"讨论会，将图形学和视频学技术、影像技术等方法在计算科学方面的应用称为"科学计算之中的可视化"，即"科学计算可视化"（visualization in scientific computing，VISC）的概念被正式提出。1987 年，首届"科学计算可视化"研讨会召开，会议报告阐明了科学可视化的定义以及它所覆盖的领域和范围（"可视化"的实质是利用计算机的图形图像处理技术，把各种数据信息转化成合适的图形图像在屏幕上展示出来，这一过程涉及图像学、几何学、辅助设计和人机交互等领域知识），并预测了科学计算可视化近期前景及其未来需求。同年，由布鲁斯·麦考梅克等编写的美国国家科学基金会报告 *Visualization in Scientific Computing*，对可视化技术领域产生了大幅度的促进和刺激。此后科学可视化得到了迅速发展，各种数据采集设备产生的大型数据集、数据库通过高级的计算机图形学技术与方法来处理和可视化。因此，人们逐渐接受这个同时涵盖科学可视化与信息可视化领域的新生术语"数据可视化"（朱耀华等，2012）。

人类大脑中，50%的神经元和视觉信息处理有关系。而 VISC 就是应用计算图形学相关方法和图形处理与显示技术，将科学与工程计算过程中及计算结果的数据或者数值模拟仿真获得的大量离散数据转换为图像、图形或动画的形式，直观形象地将结果显示出来，并进行交互处理的理论、方法和技术，以便人们能够直观、准确地展示数据内部的特性与本质，帮助科研人员分析其中的规律（Urness，2006）。VISC 属于较综合性的交叉领域，涉及图像处理、计算机图形学、数字信号处理、机器视觉等众多学科（Matvienko et al.，2013）。

1.2.1　可视化的研究内容及意义

可视化的目的是依靠人类的视觉能力，以图形、图像和动画等视觉表现形式展现计算和数据的本质，促进对考察数据深层次的理解和洞察，是驾驭计算过程和理解大体积数据的有效途径，标志着计算工具的进一步现代化。可视化是一门综合性的交叉学科，涉及计算机图形学、数字图像处理、计算机视觉、计算机辅助设计、数字信号处理和人机工程学等众多领域（陈达峰，2008）。科学计算可视化的研究内容非常广泛，按其功能可分为三个层次（唐泽圣，1999）。

1. 科学计算结果数据的后处理

科学计算结果数据的后处理将计算过程和可视化过程分开，可以在脱机状态下对计算的结果数据或测量数据实现可视化。由于不要求实时地用图形、图像显示数据，因而该层次的可视化功能对计算能力的要求较下面两个层次要低一些。

2. 科学计算结果数据的实时处理及显示

所谓实时处理与显示，就是在进行科学计算的同时，实时地对计算的结果数据或测量数据实现可视化图像显示。这一层次的功能较之上一层次需要更强的计算能力。

3. 科学计算结果数据的实时绘制及交互处理

在该层次中，不仅能对数据进行实时的处理及显示，还可以通过交互方式修改原始数据、边界条件或其他参数，使计算结果更为满意，实现用户对科学计算过程的交互控制和引导。这一层次的功能不仅要求计算机硬件有很强的计算能力，而且要求可视化系统具有很强的交互功能。

随着计算机中软件开发技术的发展及硬件条件的不断更新，对于大量抽象的数据结构，只通过人工处理或使用绘图仪输出图形的方式进行显示，不仅效率低，而且可能丢失大量的重要（流场）信息。而对于大量的模拟数据，传统的方法已经不能直观地解释抽象数据中存在的复杂规律和本质。因此，VISC 技术成为计算模拟科学研究过程中不可或缺的手段，是科学研究人员分析数据内在特征、观测其规律的有效措施。研究 VISC 技术具有很大的意义，可概括为以下几点（张海超，2016）：

（1）实现图像通信，而不是简单的数字或文字通信，从而能够更加直观地观测到数据内部本质特征和规律。

（2）在模拟仿真过程中，研究人员能够更方便地理解分析在计算过程中发生的现象，并在计算过程中改变模型参数、系数，可实时地展示仿真结果，对控制对象实现一定的控制和引导作用。

（3）可在一定程度上加快数据处理速度，使庞大的抽象数据得到合理充分的利用。

1.2.2　可视化技术的应用

数据可视化的应用十分广泛，几乎可以应用于自然科学、工程技术、金融、通信和商业等各种领域。在流场分析中常采用计算流体力学的手段，其更离不开可视化技术。有限元分析是 20 世纪 50 年代提出的适用于计算机处理的一种结构分析的数值计算方法。有限元分析在飞机设计、水坝建造、机械产品设计、建筑结构应力分析、流场分析等领域得到了广泛应用。从数学的观点来看，有限元分析将研究对象划分为若干个子单元，并在此基础上求出偏微分方程的近似解。在有限元分析中，应用可视化技术可实现形体的网格划分及有限元分析结果数据的图形显示，即所谓有限元分析的前、后处理，并根据分析结果，实现网格划分的优化，使计算结果更加可靠和精确（刘春波，2004）。

总之，VISC 技术将科学与工程仿真计算中产生的大规模抽象数据用图像方式输出，便于研究人员分析，并在决策过程中起到一定的辅助支持作用。其在流体力学、医学成像、地质勘探、气象预测、环境模拟、水处理设备优化等方面有广泛的应用（张海超，2016）。

1. 流体力学

计算流体力学就是根据一定的条件建立物理几何模型，并对其进行流体动力学计算，也就是计算流体模型的偏微分方程。而可视化技术就是将数值计算获得的流场数据有效地显示出来，方便研究者观察其运动状态和规律。

2. 医学成像

在医学方面，使用磁共振或 CT 扫描等产生图像来进行医学诊断，能够使医生对发病区域的大小和位置有一定的了解和认识，借助虚拟现实手段，医生可更准确地进行手术治疗。同时，可使用可视化思想对体内血液流动进行流场可视化，方便观察心脏处血液流动状态。

3. 地质勘探

地质勘探是采用超声波等测量手段，获取该地区的地质结构、底层结构等，从而能够确定地下矿资源的分布情况。通过三维可视化技术，能够清晰地将测量的离散数据构成三维图像，通过可视化结果描述地质规律，方便研究者全面地了解地质分布，分析勘探过程中的安全性和可靠性。

4. 气象预测

气象学可通过历史数据预测出未来风力大小及分布、暴雨区的位置和强度及云层的变化和运动等，使用可视化技术将该数据转换成图像形式，方便预报人员对未来的天气进行预测和分析，同时也方便人们直观地观测出旋风等天气的走向趋势。

5. 环境模拟

环境科学是关于地理环境、物理环境、化学环境、生态环境等的综合性研究学科，将森林资源、土地资源、河流、生境等空间信息采用可视化的方式绘制成更为直观形象的图像，为环保提供新的科技方法（梁炜，2014）。可视化技术也能够直观地将环境因素的变化展现在研究者的面前，方便对环境内的气流、温度场、压力场进行控制。

6. 水处理设备优化

深度水处理主要是靠曝气来增加反应器内的氧气含量，从而达到优化处理效果的目的。反应器内气液两相流的流动状态、流型流态与速度场分布直接影响反应器内各相的接触和混合效果，同时也影响反应过程中传热传质的速率，最终影响反应器运行的效果和能耗。可视化技术能够对反应器内流体运动行为进行深入研究，为现有反应器的操作和优化设计提供指导。

1.2.3 可视化技术的分类

可视化可以根据处理对象及目的分为科学计算可视化、数据可视化、信息可视化和知识可视化（朱耀华等，2012）。

（1）科学计算可视化也可称作科学可视化，是指运用计算机图形图像处理等相关技术，将科学计算过程中得到的大量数据转换成适当的图像界面并加以显示，并在此过程中进行人机交互处理的一系列理论、方法和技术。科学计算可视化主要用于处理科学研究实验过程中产生和收集的大量数据，力求真实地反映数据原貌（朱耀华等，2012）。

（2）数据可视化较为笼统，一般用于处理数据库和数据库中存储的数据，目的在于以可视化的方式呈现数据，便于使用者观察。数据可视化是指对大型数据库或者数据库的数据进行可视化，是借助计算机的快速处理能力并结合计算图形图像学方面的技术，把海量的数据以图形、图像或者动画等多种可视化形式，更为直观和形象地展示给研究者（朱耀华等，2012）。

（3）信息可视化（information visualization）抽象层次较高，其目的主要在于让使用者快速发现隐藏在数据内部的规律，主要是指利用计算机支撑的、交互的对非空间、非数值型的和高维信息的可视化表示，以增强使用者对其背后抽象信息的认知（朱耀华等，2012）。

（4）知识可视化（knowledge visualization）主要是指通过可视化技术来构建和传递各种复杂知识的一种图解手段，以提高知识在目标人群中的传播效率，表现为领域知识，使已有的知识能够更加迅速有效地在人群中传播（朱耀华等，2012）。

以上四种可视化技术相互联系又互有区别。其处理对象从数据到知识是一个越发抽象的过程，数据是信息的载体，信息是数据的内涵，而知识是信息的"结晶"（张卓等，2010）。实际上，四种可视化技术之间的关系如图1.6所示，它们之间没有明显的界线，从广义上看科学计算可视化从属于数据可视化，数据、信息和知识在一定程度也是相通的，因此它们彼此都有交叉（刘波等，2008）。

根据Shneiderman（2003）对数据类型的归类，可视化主要有以下七类：一维数据可视化、二维数据可视化、三维数据可视化、多维数据可视化、时序数据可视化、层次结构数据可视化和网络结构数据可视化。根据Keim（2002）提出的基于可视数据分析技术的分类方法，可从数据类型、可视化技术和交互技术的角度来分析研究可视化的分类方法。这三个要素也是数据可视化的主要组成部分，它们之间的相互关系如图1.7所示（朱耀华等，2012）。

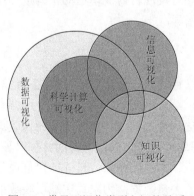

图1.6　常见可视化类型之间的关系

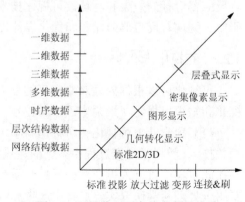

图1.7　可视化三要素的内容及关系

1.3　流场可视化

流场是流体所占据的空间位置。生活中到处可见流场的例子，如大气运动、江河流动、血管中的血液流动等。而流场内流体的运动，是一个非常复杂的过程，同时大部分的流场是透明的，裸眼无法直接看到流场内部的特征。但可视化技术可以突破数据特征局限，将数据信息转换成图像、图形信息，为更好地理解数据提供帮助（张丽，2017）。

流场可视化是流体力学的重要组成部分，是随着科学可视化技术的发展而出现的分支之一。作为面向计算流体动力学（computational fluid dynamics，CFD）的科学计算可视化技术，流场可视化技术的形成与发展有力地促进了计算流体力学深入研究。流场可视化是科学计算可视化的重要分支，是科学计算可视化领域发展最早、应用最广泛的主流研究方向。航空航天领域的飞行器气动设计，高速汽车和列车的气动性能设计，造船中的水动力学，气象学领域的大气动力学，化学工业中的反应器内流动计算，河流、湖泊、港湾的土木工程设计中的流体动力学，以及生物医学中的计算血流动力学等问题，都需要通过流场可视化技术进行科学解释和分析。图 1.8 为水体中气泡流动的可视化。

图 1.8　水体中气泡流动的可视化

1.3.1　流场可视化研究内容

流场可视化的两个主要工作就是建立流场场景和提供交互工具。建立流场场景是指绘制流场中各种物理量的分布状况；提供交互工具则提供与场景的交互手段。流场可视化方法作为 VISC 研究方向中一个重要研究内容，在流体力学仿真模拟、气象预报处理、医学成像技术、爆炸模拟等方面有广泛应用。其中，流场可视化研究内容概括起来主要有以下几个方面（李延芳，2008）。

1）几何体与网格的显示及评估

计算几何体的定义和网格划分的精确与否直接影响到计算的收敛性和精度，流场可视化要求能够显示网格生成的结果，并提供交互式网格生成和质量检测技术。

2）计算过程的显示与流体结构辨识

为加深对流场的研究，有必要跟踪显示流场的计算过程，这便于检验算法的正误和直观感受结果的生成。流体运动中会形成多种结构，如激流和涡流，流场可视化要提供对此类结构的辨识。

3）结果显示与分析

结果显示就是绘制流场和物理量的分布状况图。流场中涉及的物理量有速度、温度、压力、密度、涡强和应力等，流场可视化要支持这些物理量的三维显示。结果分析是指通过提供交互技术（如视角变换）对流场进行观测和研究，并要求提供尽可能实时的操作环境。

4）数据比较

数据比较是指通过提供直接的可视化比较方法促进不同流场模拟或进行流场模拟与实验结果之间的快速比较。关于流场可视化的研究模型，目前广泛采用的是面向数据的数据流模型（data flow model），如图 1.9 所示（Haber et al.，1990）。

数据 ⟶ 滤波 ⟶ 映射 ⟶ 绘制 ⟶ 图像

图 1.9　数据流模型

在数据流模型中，滤波是从原始数据中提取感兴趣的数据，映射是构造数据的几何表示，绘制则是将数据的几何表示转换成可被显示的图像信息。此模型很容易理解和利用，但它没有考虑可视化技术同应用领域之间的关系。为此，Bridlie（1993）又提出了可视化过程的模型中心法（model-centered approach），如图 1.10 所示。

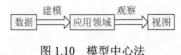

图 1.10　模型中心法

在模型中心法中，建模是指从采样数据构造经验模型，此模型要与应用领域相一致，以便于数据的正确插值处理；观察是根据应用领域的不同，选择合适的技术显示数据，如用直接体绘制显示 CT 数据，用流线显示流场速度场等。同数据流模型相比，模型中心法的建模相当于数据流模型中滤波的一部分，观察对应于余下的部分。模型中心法考虑不同应用领域的不同需求，更符合现实的需要（李延芳，2008）。

1.3.2　流场可视化特点

与其他领域相比，流体力学中流场数据的复杂性为可视化算法的精确性、有效性和实时性带来严峻挑战。从数据本身来看，流场可视化的特点主要表现在以下几个方面（张丽，2017）。

（1）数据类型复杂。流场数据采用多种不同的网格模型，包含多种网格数据，如结构化网格、非结构化网格和混合网格。这些模型和数据格式造成可视化在算法设计和实现方面比较困难，有效性和适应性难以提高，时空代价较大。

（2）特征提取困难。流场中包含多种物理特征（如涡核、激波和漩涡等），对这些特征进行准确提取和绘制是流场可视化的重要内容。然而数据本身的复杂性以及物理定义的模糊，导致流场特征提取困难，准确性低，速度和精度难以同时保证。

（3）物理变量种类多。流体力学数值计算结果中经常包含多种物理量，其中较受关注的标量有压力、密度、熵、温度、动能、漩涡、压力场梯度范数、涡量、螺旋度等，矢量有速度、动量、压力场梯度、涡度等。这些物理量通常是分析流场状态、结构和特征的重要依据。

（4）可视化应用需求高。这些需求包括高精确度、有效性、实时性等。一方面，高精确度的可视化方法能够应对高复杂度的数据，并且能够有效绘制各种复杂类型的流场数据，帮助用户准确分析流场特性。另一方面，大规模复杂流场数据不断出现，对其进行实时交互可视化的需求不断增加。

从用户需求上看，流场可视化的特点可以概括为以下几点：①精确性。高精度的数值计算需要高精度的可视化方法与之匹配，才能帮助用户准确分析流场特性，评估计算方法的正确性与合理性。②有效性。网格生成技术和数值计算方法的发展使得流场数据类型多样，这要求可视化方法能够绘制各种复杂类型的流场数，才能满足 CFD 领域日益增长的用户需求。③实时性。随着计算机性能的提高和数值计算精度的攀升，用户要求可视化算法具有对大规模复杂流场进行实时交互绘制的能力，为其提供强有力的科学研究工具。

1.3.3　流场可视化流程

流体的运动是一个非常复杂的过程。为了了解流体运动规律，通常在一定假设条件下建立某种数学模型，使用数学表达式去描述其可能的运动规律。然而，面对求解数学表达式得到的大量数据，需要采用一种直观的方式去展示以供分析，而科学计算可视化正是将数据信息转换成图像、图形信息的重要手段。

流场可视化是科学数据可视化的一个重要分支，在很长一段时间里成为国内外研究的热点。通常情况下，可视化数据来源于数值模拟，如计算流体力学的数据，然后从可视化的角度分析这些数据，进而生成一个易于理解的效果。随着模拟能力的迅速增长，对更高级的可视化技术的需求在不断增加（张丽，2017）。

流场可视化流程分为以下四个部分：获取流场数据、数据的预处理、数据转化（映射、绘制）并显示结果（陈达峰，2008）。其中，获取流场数据就是根据计算机建模仿真、实验模拟或者实际测量获得的流场数据；数据的预处理就是针对复杂的流场，提取其拓扑结构，分析其特征分布，研究其有效合理的预处理方法，同时包含数据去噪等操作；数据转化就是研究使用什么可视化方法将流场数据用图像的形式展现出来，这部分为流场可视化的核心部分；显示结果就是将计算生成的图像数据输出到显示设备并显示。其中数据转化又包括映射（数值数据转化成几何数据）和绘制（几何数据转化成图像数据）。流场可视化基本流程图如图 1.11 所示。

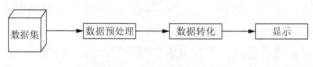

图 1.11　流场可视化流程

1）数据预处理

计算数据来自各方面，种类繁多，格式各异，数量巨大，因此必须把数据规范化，而且要有统一的输入格式。现代计算的输出结果大多比较庞大，数据大多是以某种方式压缩的，这就要求数据预处理模块能反压缩数据。经过预处理的数据，可以用计算机图形学的方法，将其映射为几何元素，如点、线、面、体等。

2）映射

映射模块将数值数据转换成几何数据，是可视化技术的核心。因为可视化系统处理的数据类型因应用领域不同而不同，所以对不同类型的数据应采用不同的可视化技术，如标量场可视化、矢量场可视化、张量场可视化等。事实上，在同一数据类型和确定维数下，可视化技术可提供多种表现方法。例如，三维标量数据可以采用等值面表示，三维矢量数据可采用三维箭头、三维流线表示等。

3）绘制

绘制模块将几何数据转化成图像数据。计算机图形学日趋成熟，为研究人员提供了丰富的绘制算法，包括扫描转换、消隐、光照、纹理映射和反走样技术。它虽然不是可视化技术的核心，但在一些新的可视化研究方面，绘制技术将成为研究的关键技术，如体绘制技术。

4）显示

显示模块的功能是将绘制模块生成的图形数据按用户指定的要求输出。从这方面来说，它有点类似于图形用户界面技术，为软件提供各种设备驱动程序，用户的反馈信息是通过显示模块的驱动程序送到其他功能模块，以实现人机交互功能，如对展示结果进行简单的旋转、缩放等操作。

流场可视化的过程构成了一条数据流水线，如图 1.11 所示。原始数据经过预处理以后形成可视化处理的数据，经过几何图元阶段和直接绘制阶段，最后生成图像。可视化的真正目的在于将隐藏在数据中的流动信息用图形图像方式展示出来，最终结果由专业人士解释，从而进一步认识其中包含的运动规律。

1.3.4　流场可视化分类

可视化的关注点主要在于三维真实世界的物理、化学、医学等现象，数据大致分为二维和三维，分为标量（密度、温度、长度）、向量（流向、力场）和张量（压力、弥散）三类。相对应的科学可视化也可粗略分为标量场可视化、向量场可视化以及张量场可视化（张丽，2017）。

1.　标量场可视化

标量指的是可用正实数或负实数来表示的物理量，如流场计算产生的温度、水位等物理量。通过简单的图形的方式展示标量场（scalar field）对象在空间分布上的内在关系，这种展示方式被称为标量场可视化（scalar field visualization）。标量场的空间数据中每个点的属性都有一个单一数值（标量）来表示。如果标量场随时间变化而变化，该场被称为时变标量场。常见的标量场有密度场、温度场、能量场等。同样，标量场也可以分为二维和三维数据场，二维标量场中的单元被称为像素，三维标量场也被称为体数据，其中的单元被称为体素。根据数据在空间中的分布不同，标量场数据可以用结构化网格和非结构化网格来表示，在某些科学计算或者工程应用中，两种网格也可能存在于一个数据场中。

标量场可视化方法主要包括：等值线法（也称为轮廓法）、颜色映射法（也称云图表示法）、高度图法、等值面法、体绘制。①等值线法主要通过连接标量场中数值相近的点来描绘特征的轮廓，多用于二维标量场的表示，如地理信息系统中的山体等高线，天气预报中的气压等压线，气温等温线等。②颜色映射法是将标量场中的数值对应于不同的颜色，利用人眼对颜色的敏感特性直观表达数据的特征，可应用于二维、三维标量场的表示。由于人眼对颜色敏感程度的差异，选择不同的颜色带对最终的可视化效果非常重要，故而颜色映射法中主要的研究内容是颜色的映射函数以及颜色的选择。③高度图法是将二维的标量场上升到三维空间，增加高度来表示特定量数值的大小，从而形成高低起伏的可视化效果，地形图就是采用高度法来表示的。④等值面法是在三维空间中把一种空间分布的物理量中具有相同量值和相同单位的点用曲线拟合成一组曲面图形，用以描述那些具有连续分布特征物理量的分布规律，常用于三维标量场的可视化。⑤体绘制是直接对数据场进行成像，用来反映数据场中各种信息的综合分布情况，将它的不同层次、材料、特性的各个组成部分在一幅图像中整体表现出来，得到三维体数据的全局图像。图 1.12 给出了两种标量场可视化结果，其中图 1.12（a）为某地区等高线图，图 1.12（b）为某构件热力的等值面简图。

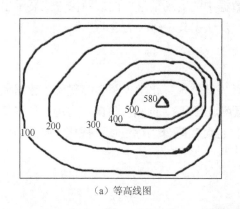

（a）等高线图　　　　　　　　　　　　（b）等值面简图

图 1.12　标量场可视化结果

在目前的标量场可视化研究中，关注热点从可视化效率转移到对内容的分析和交互处理上。特别是在当下数据量猛增的情况下，尽可能地去除数据中特征不明显部分和各种不确定的信息，专注于对主要特征的分析、识别和交互等，但是仍然存在很多挑战性的难题。

此外，多个空间上重合的标量场组成一个多变量场也是常见的情况，主要是在医学中 CT、MRI 等多模式成像，科学模拟计算每个网格点上可能有多个不同的标量变量。多变量标量场的可视化、信息可视化引入的方法及标量场数据的可视化是目前非常值得探索和研究的三个主要方向。

2. 向量场可视化

向量（vector）是指既有方向又有大小的物理量，并且计算时遵循平行四边形法则的物理量，如速度和压力。向量场又可以称为矢量场，与标量场相比，其最大不同点在于每一物理量不仅具有大小，而且具有方向，这种方向性的可视化要求，决定了它与标量场完全不同的可视化映射方法。向量场是由单个矢量组成的空间数据。例如，平面上的向量场可以被表示成一系列指定长度和方向的箭头，如图 1.13 所示。空间中的每个点都可以由原点指向该点的向量来表示。因此，如果空间中的点都对应唯一的向量，那么时空中存在向量场。

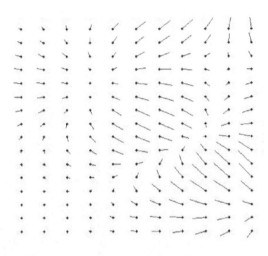

图 1.13　向量场

如果一个点位于坐标原点（0，0，0），则牛顿引力场是一个向量场。物理学中最常见的向量场有气流场、引力场、电磁场、水流场等。向量场可视化能够将其中蕴含的流体运动模式和关键特征表示出来。在实际应用中，流场是最常见的向量场，因此流场数据可视化是矢量场可视化中非常重要的研究领域。

向量场可视化方法，主要是通过拓扑或几何方法计算来提取其特征点、特征线或者特征区域。该领域有关的可视化方法主要可分为以下三类：

（1）采用简化移动的图表编码单个或简化后的向量信息，可提供详细的查询与计算，标准做法有线条、箭头和方向标符等，见图 1.14（a）。

（2）离子对流法。其关键思想是模拟粒子在向量场中各种力的作用下不断流动，其经过的几何轨迹可以直观地描绘向量场中的流体特征。流线、迹线和脉线等都属于这类方法，见图 1.14（b）。

（3）将向量场转换为一帧或多帧的纹理图像，为观察者提供直观的影像展示。这类方法有随机噪声纹理、线性积分卷积等，见图 1.14（c）。

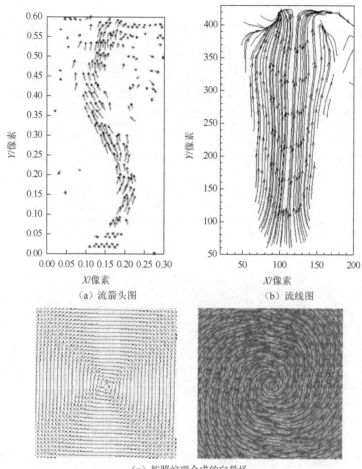

（a）流箭头图   （b）流线图

（c）按照纹理合成的向量场

图 1.14 向量场可视化

3. 张量场可视化

张量（tensor）是向量概念的扩展，是一个可用来表示在一些矢量、标量和其他张量之间的线性关系的多线性函数。它是一个定义在一些向量空间和一些对偶空间的笛卡儿积上的多重线性映射，其坐标是 n 维空间，有 n^r 个分量。其中每个分量都是坐标的函数，而在坐标变换时，这些分量也依照某些规则作线性变换。假如一个空间中的每个点的属性都可以以一个张量来代表，那么这个场就是一个张量场（tensor field）。

在同构的意义下，第零阶张量（$r=0$）为标量（scalar），第一阶张量（$r=1$）为向量（vector），第二阶张量（$r=2$）为矩阵（matrix）。例如，对于三维空间，$r=1$

时的张量为此向量：(x, y, z)。r 称为该张量的秩或阶（与矩阵的秩和阶均无关系）。

张量场可视化方法分为基于纹理、几何和拓扑三类。基于纹理的方法，将张量场转换为静态图像或动态图像序列，图示张量场的全局属性，其思想是将张量场简化为向量场进而采用线性积分法、噪声纹理法等方法显示。基于几何的方法可显示某类张量场属性，其中图标法采用某种几何形式表达单个张量，如椭球和超二次曲面；超流线法将张量转换为向量，再沿主特征方向进行积分，形成流线、流面或流体。基于拓扑的方法计算张量场的拓扑特征（如关键点、灭点、分叉点、奇点和退化线等），依次将感兴趣区域分为具有相同属性的子区域，并建立对应的图结构，实现拓扑简化、拓扑跟踪和拓扑显示。基于拓扑的方法可有效地生成多变量场的结构，快速构造全局流场结构，特别适用于数值模拟或实验模拟生成的大尺度数据。图 1.15 为经过软件处理后得到的张量场。

图 1.15 张量场可视化

1.3.5 流场可视化方法

可视化方法的选择在很大程度上取决于数据本身的结构，比较重要的是向量场定义的维度。例如，有些在 2D 数据上比较常用的可视化方法会很少应用到 3D 数据上，这是由观察视角的不同决定的，包括图形特征的定位和朝向的难度，某些比较重要的部分可能会被遮挡。通常情况下，3D 可视化技术需要处理更多的数据。而如果仅仅是可视化 3D 流体中的一个切片或者一个比较常见的超曲面，这时候就可以考虑将曲面投射到切面空间，来减少复杂度。此外还要区分数据本身是实践得到的还是与实践无关的。最后还要考虑网格的类型，包括均布网格、直线网格、曲线网格、结构化网格、非结构化网格和混合网格等。网格类型不同，数据存储和访问机制及差值方法会有所不同，可视化的算法也会有所差异（张丽，2017）。

最早的基于符号的直接可视化方法包括箭形图、Hedgehog 图等，有时添加颜色的属性，主要表现速度场信息或尺度信息，这些表现形式一般用于 2D 数据，也可用于某些 3D 数据的切面等。还有一些可视化方法基于粒子追踪生成的特征线，包括迹线、流线和纹线，主要表现流体的运动趋势。其中流线的应用是最广泛的，由此引申出其他的表现形式，如流线带、流线管、流线多边形、流线曲线等。如果用密集的方式（点、粗细线条）来表示特征线，就会产生基于纹理的效果。线性积分卷积是其中比较流行的算法。类似的还有羽化纹理技术、伪线性积分卷积等（张丽，2017）。

以上提到的技术都是对向量场的直接可视化，这意味着观察者自己要从这些可视化的图像中去辨识其中的重要特征。为了克服这种问题，基于特征的可视化技术应运而生。该方法能从数据中挖掘出已有的特征，并用更加抽象的方式表现出来。也就是说，为了让观察者看到简洁、高效的效果，必须过滤那些多余的数据。基于拓扑的 2D 可视化技术及其各种改进的技术，主要表现某个观测点的周边结构，也可用于鉴别两个向量的距离（张丽，2017）。

向量场聚类是减少可视化处理数据的另一种方法。原始的高分辨率数据中，大量向量聚类成少量的低分辨率数据，并且能够保持原有的基本特征。其中的主要问题是建立一个低错误率的估计方法来控制数据由高分辨率向低分辨率转化。这种方法可以扩展到多个分辨率从而生成数据的分层表示，不仅可以用于 2D 或者 3D，也可以用于 3D 中的 2D 切片。类似的方法还有分割、多尺度以及保持拓扑结构的多层次平滑技术等。

基于漩涡检测的技术是特征识别可视化中比较重要的一类。漩涡的检测有助于识别流体中的主要特征。此类技术可以分为两种：一种是基于电信息的局部检测方法，即直接对向量数据进行计算；另一种是基于几何特征的全局检测方法，即检测漩涡周围特征线的属性。局部检测方法根据流体中的物理数据建立测量标准，判断是否为漩涡，这个过程大多依赖数学模型。而全局检测方法往往计算成本较高，但是结果更为准确。

冲击波是流体中的另一个重要特征，它们可以增加拉伸力，有时可能会破坏数据结构。冲击波可以从物理属性如压力、密度、速度等的突变辨别出来。因此，冲击波的检测与图像中的边缘检测算法相似。流体的分离和附着往往发生在流体突然远离或者折回到一个固体时，这也是流体的主要特征之一。在 3D 数据中识别它们的方法，也有相应研究。

漩涡、冲击波、分离和附着，这些特征与物理数据的整体模型有密切的关系，仅凭单个向量是无法得出的。因此，对物理模型的深入了解是研究获取这些特征方法的前提。相应的，与此相关的特征识别在工程和物理问题上也有研究。

为了解流体流动的运动规律，通过复杂的数学建模，描述流体运动规律，通过数据计算方法求解离散的流场数据。为了更清晰地描述计算的流场数据，需要一种直观的形式将数据显示出来，以便分析模拟结果。而流场可视化的方法多种多样，根据不同的方法可以将流场可视化分为不同的种类，结合信息论的方法可分为直接法、纹理法、线形法、特征法及信息论法（王盛波等，2014）；按照显示方式不同可以分为直接法、纹理法、几何法（廖忠云等，2016）；按照不同的数据集处理模式可分为直接法、纹理法、几何法、特征法与基于划分的方法；按照图表映射技术划分为点、线、面、体图标表示；以映射方式的不同来区分，可划分为基于几何图标的可视化方法、基于颜色编码的可视化方法、基于流场特征可视化的方法、基于拓扑结构分析的可视化方法和基于纹理生成的可视化方法（唐泽圣，1999）。此处介绍流场可视化方法主要有直接流场可视化、基于几何形状流场可视化、基于纹理流场可视化和基于特征提取的分析方法（张海超，2016）。

1. 直接流场可视化

直接流场可视化是使用箭头和颜色编码等方式显示流场的分布，其中，在实际工程应用中，图表方法的使用最为广泛。最简单的图标为箭头，其本身能够定性地描述流场的大小和方向。直接流场可视化方法能够全局展现流场的分布。但是，采样数据密集的流场，可能会导致可视化结果杂乱无章，而稀疏采样点处则不能有效展示流场信息，并且可能出现重要细节信息丢失现象，不能准确描述流场分布情况。当使用箭头长短展现流场大小变化时，可能会产生不协调的现象。

颜色编码在流场可视化中，一般是通过颜色大小来表示流场标量大小或方向，从而通过颜色的分布展示流场大小的分布情况，或通过颜色变化趋势来展现流场的方向。通过流场数据的标量大小和颜色值之间建立唯一对应关系，颜色的变化能够清晰地展示描述标量大小的变化分布。为解决箭头长短可能会导致最终可视化结果不协调现象，通常使用定长的箭头，使用较深的颜色表示，但是可能分辨不出流场的方向，使人容易产生错觉，且该方向不能展现出流场的连续分布特性。

2. 基于几何形状流场可视化

基于几何形状流场可视化是从流场数据中，提取出流线、迹线等几何形状来显示流场的分布。最常见的几何形状为流线，它能够展现流场连续性质，但其流场可视化的效果取决于种子点的选择（Luo et al.，2012）。对流线可视化方法的评定一般还会考虑是否能够良好展示流场分布，是否突出流场特征分布以及长流线和短流线之间的比例。目前常见的流线可视化方法主要有以下四种。

1）随机种子点放置方法

随机种子点放置方法需要首先设置种子点个数，其次随机生成种子点位置坐标，最后根据流场数据积分生成流线。该方法的主要优点是思想简单，容易编程实现，但是其本身具有随机性，不能生成良好的流线分布，还可能会丢失流场的重要信息，并且可能产生流场分布不均匀的现象，同时不能突出流场特征分布，不能得到较理想的可视化结果。

2）最远种子点放置策略

最远种子点放置策略由 Mebarki 等（2005）提出，主要思想是找到距离已生成流线最远点，并在该位置生成新的流线。该方法能够较均匀地生成流线，可视化结果中出现较大块空白区域导致分布不均匀现象。但是该方法没有考虑流场的特征分布，不能凸显流场的特征分布并且当流线分布较密集时比较耗时。其流线可视化结果如图 1.16 所示。

图 1.16　最远种子点放置策略流线可视化

3）基于图像引导种子点放置策略

基于图像引导种子点放置策略由 Turk 等（1996）提出，主要思想是利用一个能量函数，使其极小来确定流线种子点的位置。通过调整流线的长度、数目与位置来降低函数值，直到能量函数到达最小值，从而得到最终可视化结果。Li 等（2007）将其改进扩展应用到 N 维流场数据情况下。

4）临近种子点放置方法

临近种子点放置方法的主要思想是通过在已生成流线附近生成一系列满足一定条件的种子点，然后从种子集中取出种子点积分生成流线，迭代直到种子集为空集。该方法能够较均匀地生成流线分布，但是随着流场分布复杂度变化，可能会出现大量的短流线，影响整个流场可视化结果。

3. 基于纹理流场可视化

纹理是指颜色按照规定的排列方式组成的图像，兼具颜色和形状特性。纹理是在图像空间中进行的，具有图像空间连续性。纹理可视化技术主要是利用纹理数据表示流场方向变化信息，能够表现流场的连续性，且不需要种子点的选取。基于纹理可视化方法主要有点噪声（spot noise，SN）可视化方法、线性积分卷积（line integral conbolution，LIC）可视化方法和基于图像流场可视化（image based flow visualization，IBFV）方法。

1）SN 可视化方法

SN 可视化方法最早将纹理方法应用到流场可视化中，其主要思想是沿着流场方向对点噪声进行滤波进而生成图像。其中，点噪声纹理是由众多随机分布并具有一定形状和大小的点叠加生成的随机纹理。由于噪声点具有一定的大小，且其大小和流场值有关，在流场变化剧烈的区域，会出现模糊的现象，不能准确地描述出流场分布情况。

2）LIC 可视化方法

LIC 可视化方法是由 Cabral 等（1993）提出用于描述流场分布的方法，来源于一种运动模糊思想。主要思想是，首先生成白噪声纹理作为输入数据，其次沿着某一定点的正反两方向积分生成流线，最后对其进行卷积求和，具体原理如图 1.17 所示。经过卷积后的纹理值在流线方向上表现出很强的相关性，而在垂直方向上相关性较差，从而能够描绘出处流场的分布，并且全局连续地描述出流场的特性（徐华旭等，2013）。

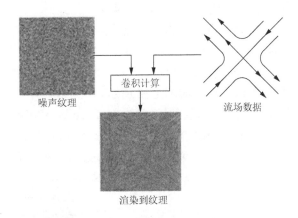

图 1.17 LIC 可视化方法示意图

LIC 是一种可被广泛应用的可视化方法，能够较好地可视化出流线的方向，反映整个流场的结构，且克服了基于图标方法局部混乱现象的特点（沈伟华等，2015）。针对 LIC 耗时较大问题，国内外学者从不同方面进行了研究改进，可分为对原始 LIC 方法改进和利用硬件 GPU 加速。针对 LIC 方法的计算量主要集中在对流线进行卷积求和，Stalling 等（1995）提出快速线性积分卷积可视化（fast LIC，FLIC）方法。该方法减少了重复计算流线，加快了图像绘制速度，但其只能使用盒型核函数。Liu 等（2005）对加速非稳态线性积分卷积可视化（accelerated unsteady LIC，AULIC）进行改进，提出了一种新的种子点管理机制，从而进一步减少计算量。Batley（2011）将 GPU 着色器运用到可视化过程中，在片元处理器中实现 LIC 方法。Yue 等（2010）利用硬件加速技术改善渲染性能，并使用冷暖光模型展示流场方向。在基于纹理方法的应用方面，Lawonn 等（2014）利用 LIC 方法和环境光遮蔽方法实时渲染物体表面凹凸形状，并应用到分子表面可视化。Toledo 等（2011）利用投影二维 LIC 方法模拟黑油存储模型的流场。

即使在矢量方向变化很大的区域，LIC 方法也能揭示出矢量的方向，可以较好地表达出矢量场的细节。卷积后的图像具有像素分辨率的连续性，描述数据场的信息比较丰富，但该方法只考虑了沿速度方向那条折线段上的像素点对该点的作用，没有考虑与速度垂直方向上邻近的像素点也可能对其纹理值产生影响，因而生成的图像高频噪声较大。

3) IBFV 可视化方法

IBFV 可视化方法由 van Wiji（2002）提出，其基本思想是基于图像平流方法，由上一帧的图像与白噪声纹理图像卷积得到最终结果的每一帧图像。该方法最终生成一幅宏观图像，并以此形式来表现微观粒子运动轨迹，最后展示流场的分布，并能够呈现流场的动态流动效果。该方法方便 GPU 硬件加速，充分利用了 GPU 并行加速功能，因此能获得实时的渲染速度。

IBFV 可视化方法主要难点在于选取合理的混合参数 α 与背景纹理 G。当将该算法应用到实际中时，α 为一个常数值，并且其值越大，说明当前一帧的结果受上一帧的影响越大，流线间的对比度也会增大，因此可根据实际要求选取满足要求的值。IBFV 可视化方法示意图如图 1.18 所示。

后来很多学者对 IBFV 方法进行了改进。Laramee 等（2004）扩展脚 IBFV 的使用范围，可视化了曲面上流场的分布。由于 IBFV 方法的绘制速度快，Warne 等（2013）等利用 IBFV 方法对浅滩入河口处流场进行模拟仿真。

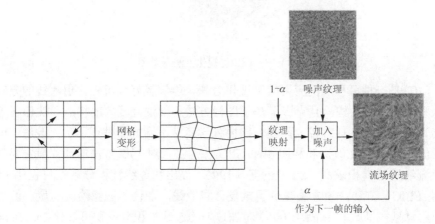

图 1.18　IBFV 可视化方法示意图

纹理图像不仅具有空间连续性，而且有一定的几何形状，还可以通过颜色有规则的排列，表达出一定的方向信息。基于纹理的方法具有自己独特的优势。

4. 基于特征提取的分析方法

特征包括某种现象、结构、形状或变化。特征可视化方法就是在庞大的流场数据中提取研究者关注的区域，去除冗余，减少复杂度，提高可视化效率。基于特征的可视化方法包括拓扑分析法和特定特征结构提取法。其中，应用最多的有基于临界点的拓扑分析方法和基于物理特征的可视化方法。

1）基于临界点的拓扑分析方法

基于临界点的拓扑分析最早由 Helman 等于 1991 年提出，1999 年 Scheuermann 把检测方法由一阶提升到高阶，从 2D 发展到一阶连续性 3D 插值。基于临界点的拓扑分析主要是提取特征点，再用积分曲线或曲面连接特征点，这样由特征点与积分曲线的组成使流场拓扑结构可视化。提取临界点的一般步骤如下：首先，利用线性插值算法找出流场中所有速度为零的点；然后，计算由各个临界点的 3 个速度分量对其位置矢量的偏导矩阵，也就是雅可比矩阵的特征值，根据特征值的实部和虚部正负确定临界点的类型，分为交点、聚点、中心点和马鞍点四类，交点和聚点又可进一步分成吸引和排斥的。具体判断过程如下：假设 J 的特征值分别为 $\lambda_1 = R_1 + I_{1i}$，$\lambda_2 = R_2 + I_{2i}$，根据 R_1、R_2、I_1、I_2 几个值的正负对临界点分类，如图 1.19 所示（廖忠云等，2016；颜廷华等，2008）。

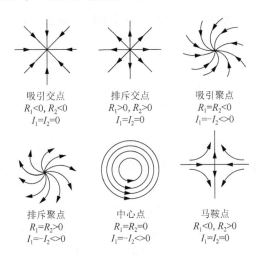

吸引交点   排斥交点   吸引聚点
$R_1<0, R_2<0$ $R_1>0, R_2>0$ $R_1=R_2<0$
$I_1=I_2=0$ $I_1=I_2=0$ $I_1=-I_2<>0$

排斥聚点   中心点   马鞍点
$R_1=R_2>0$ $R_1=R_2=0$ $R_1<0, R_2>0$
$I_1=-I_2<>0$ $I_1=-I_2<>0$ $I_1=I_2=0$

图 1.19 临界点的分类

矢量场拓扑通过拓扑结构来显示流场的特征结构，它是基于特征的可视化。其基础是关键点，即矢量大小为零的点，准确地选择关键点是矢量场拓扑的关键和难点，通过这种方法可以从全局的角度了解流场的结构。矢量场拓扑结构由关键点和连接关键点的积分曲面或曲线组成。具体的步骤是：首先求出关键点，其次对其进行分类，最后把关键点用积分曲线或曲面连接起来，就构造完成了一个矢量场的拓扑结构。这种方法可以较好地反映矢量场的整体结构信息和特性，其结构直观简洁，冗余信息少。

2）基于物理特征的可视化方法

由于拓扑分析方法不能解决含有大量涡旋等海洋流场现象而使拓扑结构图复杂、拓扑特征不明确的问题，依赖临界点理论计算临界点使得分类数据计算量大，但通过物理特征量如旋度、散度等能反映流场性质与特点。根据不同的物理特征量从不同角度计算特征点确保了特征点提取的精确度，在用时上也有所缩短。

通常根据通量、旋度、环量、散度4个物理特征量的正负值来确定临界点的类型，见表1.1。

表1.1　基于物理特征量分类临界点类型

临界点类型	通量	环量	旋度	散度
马鞍点	=0	=0	=0	=0
排斥聚点	≠0	≠0	≠0	=0
吸引聚点	≠0	≠0	≠0	=0
排斥交点	<0	=0	=0	<0
吸引交点	>0	=0	=0	>0

环量 φ 是流场中流体的速度沿闭合曲线的路径积分，采用式（1.5）和式（1.6）计算，当 $\varphi = 0$ 时无旋，当 $\varphi \neq 0$ 时有旋：

$$\varphi = \oint_c F(x, y, z) \mathrm{d}\vec{l} \tag{1.5}$$

$$\varphi = \oint_s F(x, y, z) \mathrm{d}\vec{s} \tag{1.6}$$

旋度与中心点到采样点的距离成反比，与中心点到采样点的矢量和采样点本身矢量这两者的叉乘成正比，与环量成正比，通常用各网格点的环量变化反映旋度变化。

通量为矢量场在空间有向曲面上的面积分，用式（1.5）和式（1.6）计算。当 $\varphi > 0$ 时有水源；当 $\varphi = 0$ 时为恒定水流场；当 $\varphi < 0$ 时有水穴。散度与中心点到采样点的距离成反比，与中心点到采样点的矢量和采样点本身矢量这两者的点乘成正比，通常用各网格点的通量变化反映散度变化。

1.4　流场可视化技术应用前景

流体可视化技术是流体动力学领域中使用的重要工具之一，是伴随着流体速度场的定量测量技术的发展而产生的。不同于其他方法，它直接对一个流域赋予了某种可以进行可视的性质。流体可视化应用于液态流的研究，能追溯到由 Reymolds 和 Prandtl 进行的实验。在这两个实验中，提出了"层流"和"紊流"的概念，且"分界层"的发现引起了在计算机产生之前流体动力学的快速发展。在流体动力学研究的历史上，流体可视化可以看作是最杰出的表现，通过观察流体形态可以得到整个流体形成的概念（王张斌，2008）。

随着社会经济的发展，地球资源被大量开发和利用，人类的生活水平得到了很大的改善和提高。但伴随着人类的经济活动，大量工农业废水和生活污水未经充分处理而直接排入河流、湖泊、水库、海洋和土壤，使地表水和地下水等天然水体受到严重污染，从而制约着人类社会的进一步发展。因此，水环境的保护和水资源的可持续利用，已成为当今世界面临的主要任务之一。

为解决水环境问题，需要了解自然环境变化规律，研究保护和改善生态环境的技术，如水资源的监测与评价等。由于水环境所处地域环境的差异，影响污染物扩散输移的因素也各不相同；污染物性质不同，在流体中浓度分布的规律也会不断变化。这些问题需要用流体力学的知识进行解答。另外，水环境中包含了一些基本的流体力学现象和化学反应过程，如湍流、溶质传递、化学反应等，随着人们对环境问题的关注，对这些与水处理系统密切相关的研究需求也愈加迫切。而流场可视化技术的产生和发展极大地促进了水环境中流体形态和水动力学的研究，增强了人们对流体运动规律的认识，为水环境的保护和水资源的可持续利用提供了十分重要的科学依据和技术支持。

张海超（2016）在基于特征的复杂流场可视化方法研究与应用中提到，构建河流表面流场可视化系统能够使观察者根据自己意愿以不同角度浏览河流周围景观、观察河流流场等信息，同时实现河流周边地形可视化，对了解周边地形分布则更为方便，更为重要的是能够观察河流表面整个流场的特征分布，对河流的治理和保护有着重要的意义。李君益（2012）对胶州湾水动力物理模拟潮流场测量的粒子图像测速系统进行设计，并测量了模型中的潮流场，为分析全局及局部水域的基础岸线变化对水体交换能力、泥沙输运以及临海岸线的影响提供了基础，并为胶州湾的合理利用以及实施有效的环境整治和保护提供科学依据。

而水环境中最常见的流动类型为气液两相流，从某种意义上说，气液两相流流体力学中许多复杂问题的突破取决于现代流场测试技术及计算流体力学研究的发展。目前针对气液两相流的研究，大体上分为两种类型：一种为基础性研究，对气液两相流内的流场细节进行研究，利用两相流流体力学理论，依靠计算机模拟来为气液反应器提供设计和优化建议；另一种为应用研究，主要考虑到气液两相流的工业应用，采用实验与经验结合方法，确定流动参数，优化工艺过程。

流动显示技术是目前最常见的流体显示技术，是在透明或者半透明的流体介质中施放某种物质，通过光学作用等使流动变成可见的技术，是研究流体基本的流动现象，了解流动特性并深入探索其物理机制的一种最直观、最有效的手段，在流体力学研究中一直受到人们的重视，发挥着重要的作用。早期的流动显示技术有热线/热膜测速仪、多普勒测速仪等，但都只是单点测量技术，无法适用于时变流场的研究。后来在其基础上发展的图像测速技术是实验流体力学一个重要组成部分，它是将流动的某些性质加以直观的表示，以便对流动获得全面发展的认识。由于它能够提供直观、瞬时、全场的流动信息，因而成为实验流体力学中一个长盛不衰的课题。以前的流动显示技术主要以定性为主，很难提供详细的定量结果。自从进入 20 世纪 80 年代以后，随着计算机与光学技术的高速发展，以粒子图像测速（particle image velocimetry，PIV）技术为代表的实验流场可视化得到了广泛的研究和应用。

近几年来，国内外的部分学者使用 PIV 技术对两相流的流动进行了量测。王希麟等（1998）将两相流流场粒子测速技术应用于固液两相的研究。许宏庆等（1993）采用数字图像处理技术研究自由射流流场。魏名山等（2000）用 PIV 技术进行静电旋风除尘器流场的测定。也有一些学者进行了气液两相流 PIV 技术的研究。Oakley 等使用 PIV 技术量测气液两相流的气泡流动特性，但其研究也仅针对重力射流，没有考虑水利工程模型掺气的问题。而对反应器模型中掺气形成的气液两相流，刘晓辉（2006）采用 PIV 技术和逆解析方法对曝气池实验装置中的气液两相流进行研究，发现气液两相流在实验装置中呈现三种流动状态。万甜（2009）采用 PIV 技术对曝气池中气泡羽流的运动规律进行研究，优化了曝气系统，总结了影响曝气池中气泡在上升过程的影响因子。程文等（2009）利用图像处理和快速傅里叶变换，获得了气泡羽流不同水深处的拍动频谱和气泡的波动频谱。罗玮等（2006a，2006b）采用 PIV 技术对曝气池鼓风曝气模型中的气泡、液体的运动规律进行了研究，给出了不同纵横比下气泡的运动规律，对曝气池的选型也提供了一定的依据。还有研究者利用 PIV 技术对圆柱型曝气装置中气泡羽流的运动规律进行研究，获得气泡羽流速度场的分布情况，并分析了气泡羽流对氧传质速率的影响。

虽然国内外学者研究粒子图像测速技术的实验条件比较严格，但也有学者研究了其在室外大型试验场的效果。田文栋等（2000）采用 PIV 技术对自然光照条件下的近千平方米区域河工模型表面流场进行测量，并且取得良好的测量效果。黄建成等（1998）等将 PIV 应用于测量南水北调工程总穿黄河段河工模型的流速并计算了流场。李君益（2012）根据海湾水动力物理模拟潮流场的特点，结合粒子测速的方法，设计了一套有关海湾水工模拟测速系统，为海湾潮流场的现场实验打下了良好的基础。王张斌（2008）等采用 PIV 技术观测野外沙棘柔性坝的流场变化形态，用计算机程序重构沙棘柔性坝的水流特征，并对其内部的流场进行了计算。张明亮（2004）也采用 PIV 技术测量了水垫塘模型流场的速度场，建立了相应的流场流态图像库、速度场库，同时也得到了涡量场、紊动能等其他对复杂流动和湍流有重要意义的参数。由长福等（2004）采用粒子跟踪测速技术对循环流化床顶部颗粒稀疏流动区域进行了测量，其中采用先进的高速摄像技术获取流动的连续图像。所采用的粒子跟踪测速算法在图像处理中产生少量的伪矢量，通过采取简单的伪矢量识别算法可将大部分伪矢量剔除，该实验条件下测得循环流化床顶部区域内颗粒运动速度差别较小。

气液两相流 PIV 技术是单相 PIV 技术的延伸与发展，其不仅能显示流场流动的物理形态、瞬时全场流动的定量信息和给出速度，还能给出气泡直径与浓度分布，是研究气液两相流流动特性尤其是非定常流动的新的有力工具。但是，示踪粒子存在无法应用、价格较为昂贵、回收率差、气液两相流数字图像处理技术困难的问题，使得 PIV 技术的应用范围受到限制。为解决 PIV 技术应用范围受到限制的问题，逆解析法应运而生，即不使用示踪粒子而从气液两相流中分散相的流速来反求连续相的流速。首先由单相 PIV 技术得到分散相的速度；其次通过建立分散相单个气泡在水中的惯性力、附加惯性力、阻力、升力、表面力、重力和历史力这七种力的运动方程，由得到的分散相流速反求连续相速度；最后利用后处理技术得到整个连续相的流场。逆解析方法解决了 PIV 技术中示踪粒子不能应用的情况，在两相 PIV 应用中无须相分离技术，克服了两相数字图像处理的困难，对研究多相流流场具有非常重要的价值。

随着人们环境意识的增强以及对生态环境的重视，水体流场可视化的研究将会得到进一步的重视，粒子图像测速技术结合逆解析技术将在研究气液两相流运动规律、优化反应器结构模型、提高反应器的处理效率等方面具有广阔的发展前景。

参 考 文 献

陈达峰, 2008. 基于 GPU 的流场可视化技术研究[D]. 北京. 华北电力大学.

程文, 宋策, 刘文洪, 等, 2009. 气液两相流中气泡速度的图像处理[J]. 工程热物理学报, 30(1): 83-86.

范龙, 2012. 污水处理反应器的计算流体力学[M]. 北京: 中国建筑工业出版社.

何继业, 2009. 泵站侧向引河段及前池流场 PIV 实验研究[D]. 扬州: 扬州大学.

洪文鹏, 刘燕, 周云龙, 2011. 气液两相流流型图像信息熵递归特性分析[J]. 热能动力工程, 26(5): 538-542.

黄建成, 惠钢桥, 1998. 粒子图像测速技术在河工模型试验中的应用[J]. 人民长江, (12): 21-23.

李建中, 宁利中, 1994. 高速水力学[M]. 西安: 西北工业大学出版社.

李君益, 2012. 海湾水动力物理模拟潮流场粒子图像测速系统设计[D]. 青岛: 国家海洋局第一海洋研究所.

李思昆, 2013. 大规模流场科学计算可视化[M]. 北京: 国防工业出版社.

李延芳, 2008. 基于 Clifford 傅里叶变换的流场可视化[D]. 无锡: 江南大学.

梁炜, 2014. 三维可视化在环境保护中的应用[J]. 现代物业(上旬刊), 13(9): 93-94.

廖忠云, 季民, 2016. 海洋三维流场可视化方法比较分析[J]. 测绘与空间地理信息, 39(10): 107-109.

林亮亮, 杨刚, 黄浩达, 等, 2006. 基于纹理合成的向量场可视化[J]. 计算机辅助设计与图形学学报, 18(11): 1677-1682.

刘波, 徐学文, 2008. 可视化分类方法对比研究[J]. 情报杂志, 27(2): 28-30.

刘春波, 2004. 流场可视化及 DPIV 图像处理[D]. 秦皇岛: 燕山大学.

刘晓辉, 2006. 中气曝气池液两相流粒子图像测速技术及逆解析研究[D]. 西安: 西安理工大学.

罗玮, 2006a. 曝气池中气液两相流 PIV 实验研究及数值模拟[D]. 西安: 西安理工大学.

罗玮, 周孝德, 程文, 等, 2006b.PIV 应用气液两相流的研究现状[J]. 传感器与微系统, 25(2): 1-3.

吕强, 2016. 双侧竖缝式鱼道水利特性研究[D]. 北京. 中国水利水电科学研究院.

沈伟华, 王盛波, 潘志庚, 2015. 基于互信息和图像融合的二维流场可视化[J]. 系统仿真学报, 27(8): 1796-1880.

石惠娴, 2003. 循环流化床流动特性 PIV 测试和数值模拟[D]. 杭州: 浙江大学.

唐泽圣, 1999. 三维数据场可视化[M]. 北京: 清华大学出版社.

田文栋, 魏小林, 刘青泉, 等, 2000. 河工模型试验中的 DPIV 技术及其应用[J]. 泥沙研究, 3(7): 50-54.

万甜, 2009. 气液两相流气泡羽流图像处理及其运动规律的研究[D]. 西安: 西安理工大学.

王蒙, 孙楠, 王颖, 等, 2015. 基于 PIV 测量技术的变曝气量下气液两相流速度场研究[J]. 水利学报, 46(11): 1371-1377.

王盛波, 潘志庚, 2014. 二维流场可视化方法对比分析及综述[J]. 系统仿真学报, 26(9): 1875-1881.

王希麟, 张大力, 常撤, 等, 1998. 两相流场粒子成像测速技术(PIV-PTV)初探[J]. 力学学报, 30(1): 121-125.

王张斌, 2008. 流体可视化技术在沙棘柔性坝流场测量中的应用研究[D]. 西安: 西安理工大学.

王张斌, 程文, 李怀恩, 等, 2008. 流体可视化技术在沙棘柔性坝流场测量中的应用研究[J]. 水力发电学报, 27(1): 28-31.

魏名山, 马朝臣, 李向荣, 等, 2000. 用 PIV 进行静电旋风除尘器流场的测定[J]. 北京理工大学学报, 20(4): 496-499.

徐华旭, 李思昆, 蔡勋, 等, 2013, 基于特征的矢量场自适应纹理绘制[J]. 中国科学: 信息科学, 43(7): 872-886.

徐婷婷, 2009. 气泡羽流流型试验研究[D]. 成都: 西南交通大学.

许宏庆, 杨京龙, 刘欣, 等, 1993. 应用 PIV 技术测量二维瞬时流场[J]. 空气动力学学报, 11(4): 409-414.

颜廷华, 冯冲, 2008. 基于流线的流场可视化研究与实现[J]. 信息技术与信息化, 3: 51-53.

由长福, 祁海鹰, 徐旭常, 等, 2004. 采用 PTV 技术研究循环流化床内气固两相流动[J]. 应力力学学报, 21(4): 1-5.

袁仁民, 曾宗泳, 孙鉴泞, 2003. 对流水槽温度场和速度场的测量[J]. 量子电子学报, 20(3): 380-384.

张海超, 2016. 基于特征的复杂流场可视化方法研究与应用[D]. 大连: 大连理工大学.

张丽, 2017. 机器学习与流场数据可视化[M]. 北京: 电子工业出版社.

张明亮, 2004.PIV 技术在水垫塘模型水流流动中的应用研究[D]. 西安: 西安理工大学.

张卓, 宣蕾, 郝树勇, 2010. 可视化技术研究与比较[J]. 现代电子技术, 17(45): 133-137.

周砚文, 2008. 基于 DSP 的流场速度检测系统[D]. 西安: 西安理工大学.

朱耀华, 郝文宁, 陈刚, 等, 2012. 可视化技术简述[J]. 电脑知识与技术, 8(19): 1402-1407.

BAILEY M, 2011. Using GPU shaders for visualization, Part 2[J]. IEEE computer graphics and applications, 31(2): 67-73.

BRODLIE K W, 1993. A classification scheme for scientific visualization[M]//EARNSHAW R A, WATSON D F. Animation and Scientific Visualization: Tools and Applications. Pittsburgh: Academic Press: 125-140.

CABRAL B, LEEDOM L C, 1993. Imaging vector fields using line convolution[C]. Proceeding of the 20th annual conference on computer graphics and interactive techniques. New York: ACM Press: 263-270.

CHAUDHRI A, BELL J, GARCIA A, et al., 2014. Modeling multi-phase flow using fluctuating hydrodynamics[J]. Physical review statistical nonlinear & soft matter physics, 90(3): 185-198.

HABER R B, MCNABB D A, 1990. Visualization idioms: A conceptual model for scientific visualization systems[C]. Proceeding of IEEE Visualization. Washington DC: IEEE Computer Society Press: 74-93.

HELMAN J L, HESSELINK L, 1991. Visualizing Vector Field Topology in Fluid Flows[J]. IEEE computer graphics and applications, 11(3): 36-46.

HUSMERIER F, GREIF D, SAMPL P, et al., 2014. Numerical simulation of compressible multi-phase flow in high pressure fuel pump [C]. Chicago: ASME 2014 joint US-European fluids engineering division summer meeting collocated with the ASME 2014 12th international conference on nanochannels, microchannels, and minichannels.

KEIM D A, 2002. Information visualization and visual data mining[J]. IEEE transactions on visualization & computer graphics, 8(1): 1-8.

LARAMEE R S, VANWIJK J J, JOBARD B, et al., 2004. ISA and IBFV: Image space-based visualization of flow on surfces[J]. IEEE transactions on visualization & computer graphics, 10(6): 637-648.

LAWONN K, KRONE M, ERTL T, et al., 2014. Line integral convolution for real-time illustration of molecular surface shape and salient regions[J]. Computer graphics forum, 33(3): 181-190.

LI L, SHEN H W, 2007. Image-based streamline generation and rendering [J]. IEEE transactions on visualization & computer graphics, 13(3): 630-640.

LIU ZP, MOORHEAD R J, 2005. Accelerated unsteady flow line integral convolution[J]. IEEE transactions on visualization and computer graphics, 11(2): 113-125.

LUO C, SAFA I, WANG Y, 2012. Feature-aware streamline generation of planar vector fields via topological methods [J]. Computers & graphics-UK, 36(6): 754-766.

MATVIENKO V, KRUGER J, 2013. A metric for the evaluation of dense vector field visualizations [J]. IEEE transactions on visualization & computer graphics, 19(7): 1122-1132.

MEBARKI A, ALLIEZ P, DEVILLERS O, 2005. Farthest point seeding for efficient placement of streamlines[C]. Proceedings of the conference on visualization. Los Alamitos: IEEE Computer Society Press: 479-486.

MILLER D, 1980. Gas holdup and pressure drop in bubble column reactors[J]. Industrial & engineering chemistry process design & development, 19(3): 371-377.

QING Y, LIANG H B, LI Q, 2012. Forecast of temperature field of multi-phase flow in managed pressure drilling[J]. Natural gas industry, 32(7): 52-54.

SCHEUERMANN G, 1999. Topological Vector Field Visualization with Clifford Algebra[M]. Wiesbaden: Vieweg+ Teubner Verlag.

SHNEIDERMAN B, 2003. The eyes have it: A task by data type taxonomy for information visualizations [A]. CA: Morgan Kaufmann Publishers: 336-343.

STALLING D, HEGE H C, 1995. Fast and resolution independent line integral convolution[C]. Proceeding of the 22th annual conferenceon computer graphics and interactive techniques. New York: ACM Press: 249-256.

TOLEDO T, CELES W, 2011. Visualizing 3D flow of black-oil reservoir models on arbitrary surfaces using projected 2D line integral convolution[C]. Proceedings of the 2011 24th SIBGRAPI conference on graphics, patterns and Images. Los Alamitos: IEEE Computer Society Press: 133-140.

TURK G, BANKS D, 1996. Image-guide streamline placement[C]. Proceedings of the 23rd annual conference on computer graphics and interactive technique. New York: ACM Press: 453-460.

URNESS T, 2006. Strategies for the visualization of multiple 2D vector field [J]. IEEE computer graphics and applications, 26(4): 74-82.

VALSWCCHI P, 2013. Multi-phase flow meter and methods for use thereof [P]. US. US2013/021945. OP/26/. 2013.

VAN WIJK J J, 2002. Image based flow visualization[J]. ACM transactions on graphics, 21(3): 745-754.

WARNE D J, LARSEN G, YOUNG J, et al., 2013. Image-based flow visualisation(IBFV) to enhance interpretation of complex flow patterns within a shallow tidal barrier estuary[J]. Environmental modelling & software, 47(9): 64-73.

YUE K, XU H X, GAI X, et al., 2010. A LIC method based on coll/warm[C]. Proceedings of international conference on audio language and image. Piscataway: IEEE Press: 239-243.

第 2 章　流场测量技术

随着水环境研究的发展，水体流场可视化的研究得到了进一步的重视。目前，流场可视化技术主要包括：①基于点的直接可视化方法，以某个点与其相邻点的向量信息作为可视化的标准，向量信息直接映射到图形表达上，也就是说，中间没有复杂的处理过程；②基于粒子追踪得到的特性曲线；③对数据进行较大程度的预处理后得出其主要特征，然后进行可视化；④根据表现的密度来划分的方法，即区域内可视化的物体是稀疏的还是密集的。根据获取的途径，可以将流场可视化技术分为科学计算可视化技术和实验可视化技术。

1. 科学计算可视化技术

科学计算可视化是依据计算机本身的能力，把流体力学数值模拟中产生的数字信息转化为直观的、易于理解的并可以进行交互分析的图形或图像形式，以静态的或动态的画面呈现在人们面前，加快和加深人们对流场结构、流动现象及本质的认识，发现那些通过数字信息发现不了的规律。

实现科学计算可视化可大大加快数据的处理速度，可在人与数据、人与人之间实现图像通信，从而观察到传统的科学计算中不可能观察到的现象和规律，了解物理过程中发生的现象，并通过改变参数对计算过程实现引导或控制。

2. 实验可视化技术

与科学计算可视化技术相对应的另一门可视化技术称为实验可视化技术，也可以称为流动显示技术。流体力学研究中涉及的介质常常是透明的、无色的、不发光的，而液压传动与控制技术中所使用的各种复杂流动是不透明的。液体在管道内的流动用肉眼不能直接观察到，为了能更直观、形象地描述流体在管道内的流动状态，必须提供某种能使流动变成可见的技术，这样一种技术就叫流动显示技术，也叫流场可视化技术。

流场可视化技术可在短时间内提供整个流场的信息，并且有不干扰流场的特性，有时还可以从所得图像中导出定量的信息。流场可视化技术在流体力学研究中具有重要作用，已经发展成为一种专门的技术域。流场可视化技术主要有以下几种：烟迹法、烟线法、氢气泡显示技术、染色法、全息照相和全息干涉技术、散斑照相和散斑测速、激光诱导荧光技术、PIV 技术等。其中 PIV 技术是目前应用最广且最普遍的流场可视化技术。

本章主要介绍常见的流场显示技术。

2.1　技　术　概　述

流动显示和流场测量问题由来已久。流动显示技术就是在透明或半透明的流体介质中施放某种物质，通过光学作用等使流动变成可见的技术。流动显示技术是研究基本流动现象，了解流动特性并深入探索其物理机制的一种最直观、最有效的手段，在流体力学研究中一直受到人们的重视，发挥着重要作用。湍流、非定常流动等现象一直是流体力学中重要的研究对象和疑难问题，因此研发适用于流体研究的方法和技术始终是一个重要的课题。

传统的流体速度测量，多年前人们就发明了热线/热膜测速仪（hot-wire/film anemometer，HWFA）、超声多普勒测速仪（acoustic Doppler velocimeter，ADV），曾经为流动测量，特别是湍流研究提供了重要支撑。但传统测量技术的最大缺点是接触式测量，会对流场产生干扰，测量的准确性很难得到保证（孙鹤权等，2002a）。随后发展产生的激光多普勒测速仪（laser Doppler velocimeter，LDV）实现了对流场的非接触测量，且其在所测流场范围较小时具有很好的空间分辨率和时间分辨率。它利用流场中粒子的散射测量散射光相对于原入射激光的多普勒频移量，计算粒子的运动速度，然而该项测速技术仍然属于单点测量技术。在实验过程中，速度测量点设置不可能很密，实验的过程相对复杂，因此要想获得全流场的流速所耗费的时间较长。另外当流场内部的流速变化较大且有涡存在时，则很难实现流速的准确测量，而且也难以实现对流场全场、瞬态的准确测量（许联峰等，2003；孙鹤权等，2002b）。

随着激光技术、计算机技术、图像处理技术和摄像技术的不断发展，图像量化（quantitative imaging，QI）技术迅速发展起来。图像量化技术是基于图像分析和光学实验方法的一种用于实际流体测量的技术。它包括以下几种常用的测速技术：粒子样条测速（particle streak velocimetry，PSV）、激光散斑测速（laser speckle velocimetry，LSV）、粒子图像测速、粒子跟踪测速（particle tracking velocimetry，PTV）、数字粒子跟踪测速（digital particletracking velocimetry，DPTV）、数字粒子图像测速（digital particle image velocimetry，DPIV）等。这些技术实现了多点、全场测试的测量，尤其是在传统的流动显示技术基础上，利用图像处理技术发展起来的粒子图像测速技术，既具备了单点测量技术的精度和分辨率，又能获得平面流场显示的整体结构和瞬态图像，是目前流体速度场的主要测量方法之一（丁洁瑾，2009）。表 2.1 总结了近十多年来多相流动测量技术及其工作原理。

表 2.1　多相流动测量技术及其工作原理

类型	名称	工作原理	应用
单点测量技术	热线/热膜测速仪	基于无限长的圆柱体在无限大的流场中的热对流理论	可用于不透明的流体
	激光多普勒测速仪	两束激光经过交汇成为平行的干涉条纹，在探针体积内从条文反射的光线产生一组称为多普勒波群的正弦信号	透明流体，若为不透明流体则可用与其黏度与流变特性相近的替代流体
	相多普勒测速仪	利用光纤通过球形透明粒子所产生的光散射信号	适合在高浓度悬浮系统或燃料环境，两相流流动
	超声多普勒测速仪	根据在流场种运动的示踪粒子上反射回来的超声波脉冲测速	—
多点同时测量技术	迹线法	分析所拍摄下的界面上颗粒运动轨迹的迹线	牛顿流体及非牛顿流体复杂流动
	流动跟随技术	通过记录流动跟随物体在流场中的运动轨迹来推测流型	—
	变色示踪技术	通过化学反应产生有色的示踪流体或使有色流体脱色	透明流体
	热成像技术	利用热敏反应流型	可测定流体的温度分布状况
	粒子图像测速技术	用过比较示踪粒子（或气泡）的位置计算其位置的平均流速	单相流和多相流
	激光诱导荧光法	用激光脉冲照射已混有感光变色颜料的流场中某个区域或特定截面，使该处的荧光物质变色发光，并拍摄记录	—
	断层摄像技术	通过多张断层图像获得流场的三维图像信息	气相及固相，不透明多相流体

2.2　常用流场测量技术

　　流场结构包括各相的相含率、速度、压力、温度等场分布信息，而对于参与化学反应的多相流，由于相内或相间存在物质的转化，流场结构还包括各组分的分布，各相内因存在物质转化而存在各组分浓度的场分布。上述各属性来自于不同的时间和空间尺度，即产生了多相流流动的复杂性。尽管已经有越来越多的模拟方法（例如，CFD 可以帮助理解多相流行为和反应器设计），但是模型和方法的合理与可靠性仍然需要实验数据的验证，且目前还没有理论模型能准确、完善地阐述其流动变化的规律及特性。因此，实验测试技术仍然是研究多相流的主要手段，无论是在工业应用还是学术研究上都有着非常重要的地位。因为多相流固有的流动复杂性，所以准确有效的气液两相流测试技术对气液两相流的理论研究和数据模拟具有重大的意义。以下介绍一些常见的流场测试技术。

　　1）HWFA

　　自 1914 年人们发明了热线/热膜测速仪，至今有 100 多年的历史了，它在流动测量特别是湍流测量中起到了很大的作用。由于流体的流速能影响电热细导线或薄膜的散热速率，热线/热膜测速仪是通过测量热膜上的热量损失来测量气体的流速。当有气流通过热膜时，热膜在流场中与气流进行强迫对流换热，从而带走部分热量，根据这个原理可以测量流速和波的速度。因为这个方法时滞性小，故可以用于不稳定流动中的动态速度测量。但 HWFA 的最大缺点是接触式测量，对流场有较大的干扰（盛森芝等，1993）。

2）LDV

LDV 是近些年发展起来的。最早应用 LDV 技术原理测量流体速度的是 Yeh 和 Commins。1964 年他们使用激光流速计测量了流过水管的流体层流速度分布，其结果与理论的抛物线分布符合（康琦，1997）。激光多普勒测速仪的原理是利用激光多普勒效应，通过流体中跟随流体仪器运动的粒子散射光的频移（或相位变化）来测量流速。此法的显著优点是属于非接触式测量，不干扰和破坏流场现状，便于在易变流场、狭窄流场、高温流场和有害流场中使用，且精度较高；无须在液体中插入探头，因此适用于湍流。激光多普勒测速仪还可以用于非牛顿流和旋转流等对探头干扰十分敏感甚至可以破坏整个流场特性的一些流动。它要求在流场中有一定大小和浓度的粒子，在粒子浓度很小时要人为地在流场中掺入一定数量和直径的粒子，因而可以用在多相流和有相变或者化学反应的物理-化学流动中（申功炘，1997）。激光多普勒测速仪已经广泛应用于流体的测量和气固、气液、固液的两相流测速中。它具有不干扰流场、响应速度快等优点，但它属于单点测量，测量所得为该点在采样时间内的平均速度，不适合非稳态流场测量（Addali et al.，2009）。若要得到全流场的速度分布，需逐点测量，工作量较大。

3）ADV

ADV 以声学多普勒效应原理为基础，利用向水体中发射的声波被水体的固体微粒子或气泡散射时所产生的频率差（即多普勒漂移），并经采样和由电子仪器来度量频率的变化，从而计算出采样体积中的三维水流速度，实现实时的三维流速分布测量（华明等，2000）。但超声多普勒测速仪一般只能进行单点的测量，且使用烦琐。

4）毕托管法

毕托管又称静压管流速计，是常用的测定液体流速的仪器。它的原理是根据液体流动的能量守恒关系，运用液体运动能量方程式，根据测点的压强差来计算测点的流速大小（华东水利学院，1984）。在应用毕托管测定流速时，首先要进行的是排气的工作，而且在测量的过程中，要防止侧管内进入空气，测量的速度慢，且只能单点测量。对于二维流动的测定，首先要探测水流流向，测量费时费力。同时，毕托管法也是一种接触式的测量方法，对流体有一定的干扰。

5）红外线多点旋桨流速仪

红外线多点旋桨流速仪的原理是通过建立水流流速和旋桨转速的比例关系来

测量流速（华东水利学院，1984）。在测量流速时首先要对旋桨进行率定，可以进行有限的多点测量，但测量的精度不高。

6）光纤探头技术

光纤探头技术的原理是根据不同介质物性的差别，当光源通过两相界面时光学性质发生变化，反射率和折射率等显著不同，从而得到的光信号强度也会产生差别，因此可以通过两相流体得到的光信号进行两相介质的识别，将光信号进一步转化为可以输出的电压信号，再经过一系列的数字处理从而得到局部信息。光纤探头技术不需要外界物质的加入，反应灵敏，测量精确度较高（程易等，2017；Miller et al.，1997）。

7）PIV 技术

PIV 技术是由固体力学散斑法发展起来的一种流场显示与测量技术。它突破了传统单点测量的限制，可以同时无接触测量流场中一个截面上的二维速度分布或三维速度场，实现了无干扰测量，且具有极高的测量精度（程易等，2017）。PIV 技术不仅能显示流场的流动形态，还可以准确提供瞬时流场的全场定量信息。由于 PIV 技术可以提供全场的速度信息，可以进一步将其运用于流体运动方程的求解。PIV 技术可按粒子浓度由高到低分为 LSV、PIV 及 PTV（邵春雷等，2010）。PIV 和 PTV 是目前应用前景较广的测速手段（Hampel et al.，2009；Han et al.，2007；许联锋等，2004.）。

此外，还有氢气泡测流速和摄影法测流速。氢气泡测流速是根据水流中气泡的运动距离和时间来估算气泡的流速，从而得到水流流速。摄影法测流速通过控制照相机的快门速度和曝光时间，镜头垂直于水面拍摄纸屑或漂浮物，得到粒子的运动轨迹。然后，根据粒子的运动轨迹和曝光时间的长短就可以得到粒子的流速（王鹏涛，2006）。

综上所述，LDV 及 HWFA 等早已被用来进行流场测量，尽管这些测量技术的精度和空间分辨率比较高，但受到单点和有限数点的限制，测量时间长，多点测量耗资昂贵，而且使用条件有限，一般无法满足大型物理模型的测速要求。流体力学流动显示的传统方法在揭示全流场瞬时特性方面比较好，但是流场显示方法往往不好提供定量结果，即便有些显示技术如氢气泡或粒子迹线法等技术可以提供全流场测速，但是它的空间分辨率和精度比起上述单点测速技术大约低一个量级（王鹏涛，2006）。

近年来，新发展的 PIV 技术在测量全流场复杂的瞬态流速（如非定常流、湍流、漩涡流及多相流动）方面很有成效。这种方法将流动显示与图像处理技术结合，综合了单点测速技术精度高的优点和流动显示多点测量的特点，并采用了近十年来的科技成果，包括芯片、计算机技术、图像技术和数字信号处理技术等，具有测量速度快、精度高、适用范围广等特点。因此，PIV 技术发展很快，开始在水动力学、空气动力学等流场测试领域得到广泛应用（王鹏涛，2006）。

在流体的测量过程中，可以根据测量仪器对流场的干扰程度将其分为接触式测量与非接触式测量（Tan et al.，2007）。

1）接触式测量法

接触式测量法是最早出现的气液两相流测试技术，测试器材会与流场发生接触，一般用于高强度湍流系统，其优势在于可以方便快捷地测试目标流场局部特征参数，如流速分布、气含率、气泡直径、形状等参数等（Zheng et al.，2008；Wangjiraniran et al.，2003；Deen et al.，2000）。

一般的接触式测量器材都配有针形探头，如利用液相电导变化进行测量的电导探头、电容变化进行测量的电容探头、折射率变化进行测量的光导纤维探头以及针对声波反射、折射进行测量的超声探头等。常见的接触式测量仪器有毕托管、电导探针、热膜流速计等。接触式测量技术在测量过程中探头需要侵入流场内，故不可避免的会对气液两相流流场产生干扰，并导致气泡的变形、拉伸、破碎及速度改变等，而非接触式测量法可克服该缺点（杨华等，2011）。

2）非接触式测量法

非接触式测量法的测试器材不与流场接触，故对流场没有干扰。此方法又可分为全场测量法和局部测量法（Zhou et al.，2012）。全场测量法包括 PIV、LDV、PDA、电容层析成像（electrical capacitance tomography，ECT）、压力传感器及射线法等。受实验精度、操作方便性及实验成本的限制，目前最为常用的非接触式测量法为 PIV 和 LDV（Sun et al.，2010）。

图像测速技术本质上是流动显示技术的新发展。流动显示技术至今已有一百多年的历史，是实验流体力学的一个重要组成部分，它的主要任务是把流动的某些性质加以直观的表示，以便对流动获得全面发展的认识。由于它能够提供直观、瞬时、全场的流动信息，因而成为实验流体力学中一个长盛不衰的课题。过去的流动显示技术主要以定性为主，很难提供详细的定量结果。自进入 20 世纪 80 年代以后，随着电子技术、图像处理方法以及信号分析理论的迅猛发展，定量的流动显示技术也得到了飞速发展。粒子图像测速技术是目前应用最多的流体显示技术之一。

2.3　粒子图像测速技术

粒子图像测速技术是在流动显示的基础上，充分吸收现代计算机技术、光学技术以及图像分析技术的研究成果而快速发展起来的最新流动测试手段。它不仅能显示流场流动的物理形态，而且能够提供瞬时全场流动的定量信息，使流动可视化研究产生从定性到定量的飞跃，因此该技术越来越引起人们的重视。

2.3.1　粒子图像测速技术概述

粒子图像测速技术在近 20 年发展很快，是在流场显示的基础上，利用图像学中模式识别的相关算法，对获得的流场图像进行定量分析，从而得到流体速度场的一种测量技术，并逐渐成为流体速度的主要测量方法之一。

PIV 按其成像介质可分为基于模拟介质的图形粒子图像测速（graphic particle image velocimetry，GPIV）和基于电荷耦合器件（charge coupled device，CCD）的 DPIV。GPIV 是用照相采集的方法将序列图像记录在胶片或录像带上，然后用光学方法或扫描仪形成数字图像，实现自相关模板匹配运动估值。其优点是模拟介质分辨率高，可以观测较大的视场，且精度高，图像捕获速度快，可以测量高速流场。但是由于其成像后的处理时间长，因而无法实现在线应用，同时由于 GPIV 单帧多曝光图像，在图像分析上有速度方向二义性问题，虽已有解决方法，但处理较复杂。DPIV 强调用数字方法来记录视频图像而不是摄影胶片。DPIV 所有的分析都用计算机来进行，代替了复杂光学系统，不需再做胶片的湿处理，同时采用单帧单曝光图像而非单帧多曝光图像，自然解决了速度方向的二义性问题。其便于数字处理、能提供实验参数的在线调整等优点，使得它成为重要的发展方向。

Adrain（1991）指出 PIV 技术按照示踪粒子的浓度可以分为：PTV 技术、LSV 技术和 PIV 技术。在粒子浓度很低，有可能识别、跟踪单个粒子的运动，并从记录的粒子图像中获得单个粒子的位移，这种单粒子图像密度模式的测速方法就称为 PTV 技术；当流场中粒子浓度很高，以至于用相干光照明时，粒子衍射图像在成像系统像面上互相干涉形成激光散斑图案，散斑掩盖了真实的粒子图像，这种极高粒子图像密度模式的测速方法称为 LSV 技术；PIV 技术是指选择粒子浓度使其成为较高成像密度模式，但并未在成像系统像面上形成散斑图案，而仍然是真实的粒子图像或单个的粒子衍射图像，此时这些粒子已无法单独识别，底片判读只能获得某一个查询区域中多个粒子位移的统计平均值（许联峰等，2003；袁仁民等，2003）。

我国对 PIV 技术的研究始于 20 世纪 90 年代中期，大多局限于对粒子图像测速技术的介绍、系统的开发和应用研究，且这些应用以研究单相流和多相流中的单相为主，对粒子图像测速算法、后处理算法和多相流中同时对两相的研究较少（王张斌，2008）。

一些高校和科研院所相继开发了 PIV 系统。吉林工业大学汽车工程学院开发了一套 PIV 成像系统，设计调试了双脉冲 Nd：YAG 脉冲激光系统，分析了激光测速中示踪粒子的选择方法，并开发了示踪粒子浮选系统，利用灰度判别法判别粒子图像的运动方向（吴志军等，1999）。上海交通大学动力与能源工程学院开发了一套激光粒子图像测速（laser particle image velocimetry，LPIV）系统，其中包括成像及查询系统两大部分，LPIV 成像系统的功能是产生粒子流动的双曝光照片，主要包括双脉冲 Nd：YAG 激光系统、拍摄装置、粒子图像运动方向判别系统；LPIV 查询系统的功能是提取冻结在照片中的流场信息，计算并显示速度矢量，给出全流场的速度分布图，采用了灰度判别法来判断粒子图像的运动方向，通过联合灰度统计频数的计算，获得粒子图像的速度大小及方向（吴志军等，2001）。西安交通大学动力工程多相流国家重点实验室研制了一套二维粒子图像测速系统，该系统采用 CCD 对流场中的示踪粒子视频图像进行采集，以拓扑映射的方法完成粒子像对的匹配，整个过程无须人工干预，处理结果迅速、准确、可靠，其结果可给出被测流场的速度分量、速度矢量、等流函数线和等涡线等（陆耀军等，2001）。大连理工大学内燃机研究所采用互相关算法，自行开发了一套图像处理软件，对粒子图像进行分析并提取速度场，该软件用 MATLAB 语言编写，使用了图像处理和数字信号两个工具箱，软件具有通用性、简便性和自主性，可对粒子图像进行分析处理（何旭等，2003）。北京航空航天大学飞行器设计和应用力学系经过科研攻关成功研制出一套完善的 DPIV 系统，实现了速度场和涡量场的实时测量，而且已经成功地应用于各项流体力学的实验测量中，向量计算采用快速傅里叶变换技术和空间金字塔算法结合的方式，有效地提高了计算速度（由长福等，2003）。清华大学煤的清洁燃烧技术国家重点实验室自行建立了一套可用于微观流动测量的 Micro2 PIV 系统，该系统由硬件与相应软件系统组成，光学显微镜、高功率激光器及高速摄像系统组成了该系统的硬件环境，主要用于图像的采集；IMPACT 软件为自行开发的基于 C++系统的面向对象程序，其中内嵌多种数据处理与分析算法（如 BICC、VGT、SPRING、42FRAME）。显微 PIV 系统可用于流体微观层次以及微流体流动的测量，可获得流体速度的场信息以及其中颗粒的场信息（饶江等，2003）。

目前使用 PIV 技术测量流场已得到了广泛的应用，单相二维 PIV 技术发展已相当成熟，但两相测量的 PIV 技术尚处于起步与发展中，只有少数学者开始在气液、液固等低流速、低分散相密度的流动中进行可行性和实验研究。

在多相流 PIV 技术应用方面，许联锋等（2004）应用 PIV 技术的基本原理，对静止液体中的气泡运动速度场进行了分析，并对有关气液两相流测量问题进行了探讨；许宏庆等（2003）采用 PIV 技术瞬时测量气固两相射流轴对称平面上粒子浓度分布和粒子运动速度；高晖等（2004）应用粒子图像测速仪对组合弯管内气-水-砂三相流底部水平段和上升段中液膜区的流场进行了测量，深入研究螺旋管内多相流相分离现象；王希麟等（1998）初步探讨了两相 PTV-PIV 技术与单相 PTV-PIV 技术的不同之处，提出两相 PTV-PIV 技术采样的两相相容性准则，为深入研究两相流场粒子图像测速技术奠定了基础；蔡毅等（2002）采用人工智能中

的模糊逻辑方法对气固两相流动 PTV 中的颗粒进行识别；宫武旗等（2004）研究
了两相流稀相微粒速度场测量技术；邵雪明等（2003）在单相 PIV 技术的基础上
研究了两相流动 PIV 技术的图像处理方法，采用模板匹配法和灰度加权标定法对
两相粒子进行了识别、区分和标定，通过灰度互相关法对区分后的单相粒子图像
进行了处理；Cheng 等（2005）采用逆解析法建立气泡在水中所受重力、惯性力、
阻力、附加惯性力、表面力、升力和历史力的运动方程，不使用示踪粒子而从气液
两相流的气相流速来反求液相流速，由 PIV 技术得到气液两相流中气相的速度，从
得到的气相流速反推液相速度，最后利用 PIV 的后处理技术得到整个液相的流场。

　　PIV 技术克服了传统流速测量仪器在对流场进行单点接触式测量的过程中所
产生的干扰局限，在保证单点测量技术的精度和分辨率的同时，又能获得平面流
场显示的整体结构和瞬态图像，从而可以无扰动、精确有效地对流场进行测量，
提供瞬时全场流动的定量信息。近年来，PIV 技术开始越来越多地应用于现代工
业研究（如核工程、流体机械工程、化学工程和环境工程等）中，目标流场也从
单点、均匀流场向全流场、非均匀流场发展，逐步解决传统 PIV 技术图像预处理
方法落后、无法解决图像噪声高、错误信息过多、流场分布精度差、误矢量增加
等问题。因此，根据目标流场和示踪粒子的不同选取合适的图像预处理手段是十
分必要的。随着 PIV 算法和图像处理手段的不断改善，PIV 技术被广泛应用在环
境、化工、机械、水利等领域，并成为解决这些领域基本问题的有效手段。

2.3.2　PIV 技术原理及特点

　　PIV 技术的基本原理（图 2.1）是在流场中撒入跟随性、散射性好且对流场近
乎无扰的示踪粒子，或以流场中本身存在的气相或液相作为示踪粒子，再使用自
然光或脉冲激光片光照射所测流场区域，形成光照平面，同时使用视频记录设备
记录相邻两帧图像序列之间的时间间隔，进而对拍摄到的连续两幅图像进行互相
关分析，识别示踪粒子图像的位移，由此位移和曝光的时间间隔便可得到流场中
各点的流速矢量，并计算出其他运动参量，包括流场速度矢量图、速度分量图、
流线图、漩度图等（丁洁瑾，2009；马霞，2003）。

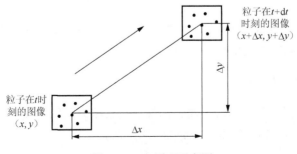

图 2.1　PIV 原理示意图

设流体质点的空间位置 x、y 是独立变量 x_0、y_0 和 t 的函数，可以表示为

$$\begin{cases} x = x(x_0, y_0, t) \\ y = y(x_0, y_0, t) \end{cases} \tag{2.1}$$

式中，x_0 与 y_0 是初始位置；t 为时间变量。根据速度的定义，可以由位置函数（2.1）求出速度函数：

$$\begin{cases} V_x = V_x(x_0, y_0, t) \approx \dfrac{x(x_0, y_0, t + \Delta t) - x(x_0, y_0, t)}{\mathrm{d}t} = \lim\limits_{\Delta x \to 0} \dfrac{\Delta X}{\Delta t} \\ V_y = V_y(x_0, y_0, t) \approx \dfrac{y(x_0, y_0, t + \Delta t) - y(x_0, y_0, t)}{\mathrm{d}t} = \lim\limits_{\Delta y \to 0} \dfrac{\Delta Y}{\Delta t} \end{cases} \tag{2.2}$$

式中，V_x 和 V_y 分别为粒子的运动速度；Δt 为两次进行曝光的时间间隔；ΔX 和 ΔY 分别为在 Δt 时间间隔内粒子在 X 和 Y 方向上的运动位移。通过式（2.2）可以计算出各个瞬时点的速度。

通过测量粒子图像的位移 ΔX 和 ΔY 并使其足够小，则 $\Delta X / \Delta t$ 和 $\Delta Y / \Delta t$ 可以很好地表示 V_x 和 V_y 的速度近似值。也就是说，粒子的运动轨迹必须接近直线且沿着轨迹的速度应该近似恒定，在应用中可通过改变两次曝光的时间间隔 Δt 来实现。

PIV 技术是一种用平均速度代替瞬时速度的方法，在 Δt 足够小的前提下，实验结果能够很好地反映流场的瞬时运动状态。和以往的测速技术相比，PIV 技术的优点主要表现为以下几点（孙鹤泉等，2002a）：

（1）PIV 技术是全流场的测量，并且得到的是瞬时流场数据，这是 LDV 方法无法实现的。

（2）PIV 技术不会干扰流场，而使用热线/热膜测速仪等测速仪器时，对流场会有不同程度的干扰。

（3）因获得的是全流场的速度场，运用流体运动方程可十分容易地提取其他物理量信息，如压力场、涡量场等。

（4）原理简单，设备相对便宜，容易实现，并且实验精度较高，可真实准确地再现流场。

由于 PIV 技术独特的优点，其已被应用于流体力学研究的各个领域，在流体测量中占有越来越重要的地位。

2.3.3　PIV 技术系统组成

典型的 PIV 系统是由光源系统、图像采集系统、图像处理系统和数据后处理系统几个部分组成，PIV 装置系统如图 2.2 所示。

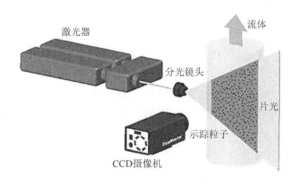

图 2.2　典型 PIV 实验装置示意图

1.　光源系统

光源是传统粒子图像测速技术的必要组成部分，良好的光源是确保实验成功的关键因素之一（丁洁瑾，2009）。到目前为止，由于这一先进技术仅用于获得某一平面上的流场，而这一流场平面在以前的实验中是采用特殊的线光源（一般采用激光发射器或者荧光灯等照射），通过示踪粒子的反射形成的反射面获得的。PIV 系统中的光源可以选择白炽灯或者激光器光源两种类型。光源应该满足以下两个要求：一是照射光满足实验的强度需要，可以令流场中的示踪粒子清晰可辨；二是光源的强度应该均匀分布。最好为点光源通过一定的球面镜或者柱面镜形成片光源来均匀照射在测试平面上。根据光学原理，透镜的发散原理如图 2.3 所示。

（a）凹透镜对光发散原理　　　　　　　　　　（b）凸透镜对光发散原理

图 2.3　透镜发散原理

2.　图像采集系统

图像采集系统的建立主要是选择摄像机和图像采集卡。

1）摄像机

图像采集主要通过实时摄录系统或者传统的照相机拍摄的方法来获取图像。一般情况下，摄录系统的分辨率没有传统照相机拍出图片的分辨率高，但是目前发展很快的 CCD 摄像机具有较高的空间分辨率，并且具有处理效率高、方便进行在线测量的优点，因此被广泛使用。

CCD 摄像机主要有分辨率、帧频、最低照度及电子快门速度等参数。其中，分辨率是最为重要的摄像机性能指标，通常由其感光像元的行数和列数所决定。行列数越多，可产生的图像分辨率越高，则所拍摄的图像就越为清晰，质量越高。

帧频是指每秒图像文件所包含的图像个数，即单位时间（1s）内所能拍摄图像的帧数。如果要在实验中对高速运动的物体进行图像捕捉，就必须采用高频摄像机。实验中采用的光源为连续式光源，因此实验成像的时间间隔由摄像机的帧频控制，帧频越大，两成像图像的时间间隔就越小，可测的速度范围就越大；反之，帧频越小，两图像间的成像间隔就越大，可测的速度范围就小。

最低照度是指成像器件的感光像元对光源敏感的最低界限，如果低于这个照度，则感光像元将对光源不响应。照度单位是 lux。目前最低照度没有相应的国际标准，因此 CCD 的制造商有自己的测量感光度的方法。最低照度这一指标反映了成像器件的灵敏度。

与传统照相机的曝光过程相似，数码照相机在拍摄图像的过程中，在开启快门后，使通过其镜头面前的影像投影至感光器上，再经过数模转化器将图像信息存储在照相机的存储介质上，即完成了图像的获取。按快门速度的快慢，一般可将数码照相机的快门分为高速快门和慢速快门。数码照相机的快门速度越快，所曝光的时间就越短，曝光量就越小。照相机的光圈也可以控制图像的曝光量，口径越大，照相机在单位时间内能投射的光线就越多，曝光量就越大。

另外，CCD 是亮度敏感器件，不能识别颜色。因此，数码照相机用红、绿和蓝三个彩色滤镜，将输入图像分解成红、绿、蓝三基色图像，就可以得到每种基色的亮度，再通过软件对基色图像数据进行处理，从而确定每一个像素点的颜色。

2）图像采集卡

图像采集卡是最为常用的一种图像采集介质，是用来采集其他视频信号到电脑里进行编辑、刻录的板卡硬件。其主要用来进行视频信号采集、预处理、存储及输入和输出，具有多路图像输入、传输速度高和可实时传输等优点（吴军志等，2001）。

3. 图像处理系统

图像处理系统主要由图像处理子系统和速度信息提取子系统两个系统组成。

1）图像处理子系统

图像处理子系统主要是为后续提取速度信息做前期的图片处理，即对需要进行相关性计算的图像进行预处理。

在较为复杂流场的测定中，由于流体内各点的反射特征不同以及受到背景光的影响，有时候所获得的图像信息并不容易被提取或者提取的结果存在着较大误差，影响图像的分析结果。为了更准确地获得流场速度信息，既可以通过如采用高分辨率的 CCD 摄像机等方式来提高硬件技术，也可以通过采用图像处理方式对获取的图像进行修正，进而保证图像速度信息提取的正确性。

对图像进行预处理可以采用灰度级调整、图像锐化等方式进行。这些方式不需要对图像逐一处理，只需要根据图像的实际情况，采取最为适合的、简便的处理方法对图像进行处理，从而达到良好的处理效果。

2）速度信息提取子系统

速度信息提取子系统是运用一定的算法对连续拍摄的两幅图像进行相关性匹配。其主要目的是为找到连续拍摄的第一幅图像中同一粒子或粒子微团在第二幅图像中的与其相匹配的粒子运动位置。由于在进行流场拍摄的过程中所拍摄的检测图像时间间隔 Δt 很小，可以认为在这段时间内流场内部没有发生剧烈的变化，即互相关函数的最大值所在的位置对应着流场间的相对位移。因此，若知道时间间隔 Δt，就可以通过相关的最大值位置计算求得时间间隔内的流场速度。

在具体的实现过程中，数字图像是一些离散的数字信号，因此相关函数可以用离散形式表示为

$$R(m,n) = \sum_{x=0}^{M-1}\sum_{y=0}^{N-1} f_1(x,y) f_2(x+m,y+n) \tag{2.3}$$

式中，m 和 n 分别为两个窗口之间的纵、横向坐标差，$m =0$，1，2，3，$\cdots$，$M-1$，$n =0$，1，2，3，$\cdots$，$N-1$；$f_1(x,y)$ 和 $f_2(x,y)$ 分别为模板窗口和图像目标窗口的灰度分布函数；$R(m,n)$ 为相关系数。

当 R 值最大时，表明 $f_1(x,y)$ 和 $f_2(x,y)$ 在该位置时达到最佳匹配程度，确定了相关系数的最大值位置就可以确定所求的目标位置。

4. 数据后处理系统

数据后处理系统是在获得流场速度后对其速度值做进一步修正和计算相关参数所设计的处理系统。它主要包括对伪矢量的检出和去除、速度插值等。

1）伪矢量的检出和去除

流体的不规律运动，使流场中散布的示踪粒子很难均匀分布，往往存在诊断窗口内有效匹配粒子分布很少或者不分布的现象，因此所求的流场速度信息中难免会存在少数错误检出的速度伪矢量。为了更好地反映速度场的运动情况，就需要对伪矢量进行去除，即将所识别出的伪矢量赋值为零。

2）速度插值

在去除伪矢量后，应对所去除伪矢量的位置进行补值，以使得整个流场的速

度场是均匀变化的。插值有距离的加权平均法、平均值法、线性插值法等。

3）涡量场、流函数等的计算

涡量场表示流体有旋运动的程度，可以定义为

$$\omega = \frac{1}{2}\Omega = \frac{1}{2}\mathrm{rot}\,\bar{v} = \frac{1}{2}\nabla\bar{v} \qquad (2.4)$$

式中，ω 为涡量场；Ω 为涡量；rot 为转向率。

对于二维流场，涡量仅有一个分量，可以表示为

$$\omega = \frac{1}{2}\left(\frac{\partial v_x}{\partial y} - \frac{\partial v_y}{\partial x}\right) \qquad (2.5)$$

对已经获得的速度场，可以根据有限差分的方法获得涡量场。涡线任意一点的切线方向与该点的涡量方向一致，因此等涡量线可以直接反应涡量场的方向。

流线（即等流函数线）图可以反映流场的运动状态，流函数可以通过对速度场进行积分求得：

$$\psi = \psi_0 + \int(-v_y\mathrm{d}x + v_x\mathrm{d}y) \qquad (2.6)$$

式中，v_x 和 v_y 分别为点（x，y）处的速度在 x 和 y 方向上的分量；ψ_0 是积分起点的流函数值。

2.3.4　PIV 提取算法

PIV 技术测量全流场的瞬时流动信息，不干扰流场，容易求得流场其他物理量，在流体测量中占重要地位，是流动可视化研究从定性到定量的飞跃。建立合适的粒子图像位移算法是 PIV 技术实现的关键（万甜，2009）。PIV 技术的速度提取算法有很多，其中包括轨迹法、激光光斑测速（laser speckle velocimetry，LSV）法、示踪粒子灰度分布模板法、粒子分布图像相关法、弹性模型法、速度梯度张量法和示踪粒子轨迹法（金上海，2003）。

1）轨迹法

轨迹法借助于数字图像处理已经实现了自动测量。该方法是在单帧单曝光图像且曝光时间较长的情况下，通过对所记录的粒子运动迹线进行长度的测量，从而获得流场速度的测量方法。该方法虽然测量原理简单，但是在确定粒子运动方向时却非常困难，因此仅限于简单测量二维极低粒子密度流场（Khalighi，1989；Dimotakis et al.，1981）。

2）LSV 法

LSV 法的原理是利用各子域内具有相同位移的两粒子相的光波在相遇时由于

杨氏光学干涉而形成的杨氏条纹会叠加加强，从而形成明暗相间的杨氏条纹图谱，其条纹间隔反比于粒子像对的位移，方向正交于粒子像对的位移。该方法主要用来对强烈的不稳定高速水流进行测量（Song et al.，1996）。

3）示踪粒子灰度分布模板法

示踪粒子灰度分布模板法是目前常用的算法，其原理是追踪每个反光粒子的运动，这样粒子的速度可以通过其在两幅连续图像中的中心点位移计算出来。该方法依据同一示踪粒子群在运动中保持一定的类似度，根据粒子群的灰度分布特征进行图像识别。相关性测量是图像处理的重要手段，有自相关和互相关之分。自相关技术是 PIV 技术在同一幅图像上连续对粒子曝光两次的流场测试技术。在同一幅图像上的粒子运动方向无法判别，因此存在速度二义性问题。互相关技术是连续在需做相关处理的两幅图像上各曝光一次的流场测试技术，这种方法可以自动判读粒子的运动方向，因此其测量范围要远大于自相关技术的测量范围。常见的二进制图像的互相关算法可以实现低速流场的瞬时测量，该方法主要适用于低密度粒子图像的测量。最为广泛使用的是基于傅里叶变换的互相关模型，其算法计算速度很快，使 PIV 技术具备实时性成为可能，但傅里叶变换不能提供信号的完整信息，这就限制了计算精度和速度的同步提高。灰度分布图像相关法能够处理高密度粒子图像，多应用于二维，较难推广至三维。刘晓辉（2006）研究了基于傅里叶变化的粒子图像测速算法，可高效快速处理图像得到流场信息，但是在流场中流速和流速梯度大的区域应用该方法检测较易产生错误矢量，在这些区域应当对算法进行改进。

4）粒子分布图像相关法

粒子分布图像相关法类似于灰度图像法，有两种计算相关性的方法。一种是二值图像互相关（binary image cross-correlation，BICC）法，根据其所追踪的每个粒子的运动，通过确定连续两幅图像中的形心点位移来计算粒子的速度。该方法主要适用于低密粒子图像的测量。另一种是所谓的狄劳呐三角形法（邓红梅等，2005），其处理速度快，并且能够测量涡流，得到涡流场的信息，而且狄劳呐三角形法能够有效降低在模板示踪法中出现的伪向量。但是，狄劳呐三角形法的缺点是在测量三维流动时计算量巨大（Ishikawa et al.，1997）。阮晓东等（1998）研究了基于 BICC 算法的 PIV 技术，并以封闭的正方形容器内的旋转流场为例，检验了 BICC 算法的可靠性。在 BICC 算法中，粒子图像的半径 r 和模式中的粒子数目 n 是两个重要的参数，它们影响着相关系数的分布情况和粒子像对的分布。

5）弹性模型法

弹性模型法通过比较连续的两帧图像中目标粒子周围相邻粒子的质心位置所

构成的粒子分布图案的相似性来估算模板的相似性。弹性模型法只适用于低密粒子图像（Ishikawa et al.，1997）。

6）速度梯度张量法

速度梯度张量法是一种新的算法，它不仅可以分析流体的平移，而且可以分析流体的变形，如旋转、剪切、膨胀、压缩等，主要用于低密度粒子的情况（Ishikawa et al.，1997）。

7）示踪粒子轨迹法

示踪粒子轨迹法其算法原理是建立在估算粒子轨迹光滑度的基础上的，通常称为 PTV 技术（Ishikawa et al.，1997）。该方法可以有三种实现形式：第一种是在连续的两幅图像里根据粒子轨迹的方向变化估算其光滑度；第二种是估算四幅图像里的粒子加速度的变化（Baek et al.，1996）；第三种是估算连续四幅图像的位移和方向变化的联合偏差（Malik et al.，1993）。

此外还有源自基于局部图像互相关 PIV 技术的回归互相关 PIV（recursive cross correlation PIV，RCC-PIV）法，它克服了无规律的气泡散射光和气泡重叠恶化引起的错误矢量，可以直接从数据中估计任意空间分辨率的气泡速度场。对 PIV 原始数据的插分通常使用反距差分（inverse-distance rearrangement，IDR）、Augi 的高斯过滤和拉普拉斯方程差分（Laplace equation rearrangement，LER）算法。日本学者（Ido et al.，2002）提出了基于椭圆方程的差分（biquadratic-ellipsoidal equation rearrangement，BER）算法。目前，PIV 技术也在迅猛发展，在拓扑、神经网络等的研究中均有应用（申功炘，2000）。

2.4　流场的相关参数

要了解流体的运动，就要知道表述流动特性的物理量的大小。这些物理量中，描述运动状态的主要是速度，以及和速度密切相关的其他流动特性参量，如流线、时均涡量、紊动强度等。

1.　速度场获取

由粒子图像测速算法可以得到粒子的位移，即最大相关峰位置与查询窗口中心的距离，则粒子的速度可由式（2.7）计算得到：

$$\begin{cases} u(x,y) = \dfrac{S_x \times k}{\mathrm{d}t} \\ v(x,y) = \dfrac{S_y \times k}{\mathrm{d}t} \end{cases} \tag{2.7}$$

式中，S_x 和 S_y 分别是 x、y 方向的粒子位移；k 是比例尺，即单位像素对应的实际长度，由实验前事先标定；$\mathrm{d}t$ 是时间间隔，由高速数码摄像机每秒拍摄的帧数决定；u 为 y 方向上的速度；v 为 x 方向上的速度。

2. 流线获取

流线是在欧拉法的概念上建立的，其在流场中表示为在同一时刻各空间点上流体质点运动方向的曲线，线上任意一点的切线方向与流体在该点的速度方向一致。流线图可以直观地反映流场的流动结构和流动方向，对于分析水流流动现象具有重要意义。对不可压的平面流动，等流函数线就是流线，而流线任意点切线方向与流体在该点的速度方向一致，故等流函数线可以直观地反映流场的流向，因此可以通过求解流函数方程获得流线。

直角坐标系中的速度与流函数的关系为

$$
\begin{cases}
u = \dfrac{\partial \psi}{\partial y} \\[2mm]
v = -\dfrac{\partial \psi}{\partial x}
\end{cases}
\tag{2.8}
$$

因此，通过对已获得的速度场进行积分即可求得流函数场：

$$
\psi = \psi_0 + \int -v\mathrm{d}x + \int u\mathrm{d}y
\tag{2.9}
$$

式中，ψ_0 是积分起点的流函数的值。

3. 涡量场获取

流体运动中流体微元有转动，当角速度不为 0 时产生涡流动或旋流。流场中各点角速度的方向可用涡线表示。涡量也称为旋度，即通过微小断面周线的一组涡线形成的涡管的流体（张政等，2001）。涡量是一个整体参数（刘建军，2002），表示测量面上各个位置涡的强弱，是表征流体元旋转角速度的物理量。由于涡量任意一点的切线方向与流体在该点的涡量方向一致，故等涡量线可以直观地反映涡量场的方向。

涡量定义为

$$
\Omega = \frac{\partial u}{\partial y} - \frac{\partial v}{\partial x}
\tag{2.10}
$$

对涡量方程式（2.10）离散即可求得任意一点 (i, j) 处的涡量：

$$
\Omega(i, j) = \frac{u(i, j+1) - u(i, j)}{\Delta y} - \frac{v(i+1, j) - v(i, j)}{\Delta x}
\tag{2.11}
$$

4. 时均流速及紊动强度获取

由粒子图像测速技术可获得瞬时速度场，对于连续系列的粒子图像不仅可以得到时均流速场，还可以由各时刻的瞬时速度场得到紊动强度。对于序列时刻速度场，紊动强度是表示紊动特征的一个物理量。脉动流速分量 u_i 的二阶中心矩阵 $\overline{u_i'^2}$ 代表 i 分量的紊动强度。有时也用 $\sqrt{\overline{u_i'^2}}$ 代表紊动强度，称为 u_i' 的均方根。

对于序列时刻速度场（个数以 n 为例），时均流速场为

$$
\begin{cases}
u_{\text{ave}} = \dfrac{\displaystyle\sum_{i=1}^{n} u_i}{n} \\[3mm]
v_{\text{ave}} = \dfrac{\displaystyle\sum_{i=1}^{n} v_i}{n}
\end{cases}
\tag{2.12}
$$

紊动强度为

$$
\text{TI}_u = \sqrt{\frac{\displaystyle\sum_{i=1}^{n} (u_i - u_{\text{ave}})^2}{n}}, \quad \text{TI}_v = \sqrt{\frac{\displaystyle\sum_{i=1}^{n} (v_i - v_{\text{ave}})^2}{n}}, \quad \text{TI} = \sqrt{\text{TI}_u^2 + \text{TI}_v^2}
\tag{2.13}
$$

气泡的运动由作用在其上的质量力和表面力决定，其形式取决于所分析的状态，这一状态由基本参数气泡雷诺数确定，如下所示：

$$
\text{Re} = \frac{2r_{\text{g}} |u - v|}{v}
\tag{2.14}
$$

式中，r_{g} 为气泡直径。

在从气相流场反推至液相流场时，还需要考虑阻力系数 C_{D}、附加惯性系数 C_{M}、升力系数 C_{L} 等，具体的参数计算见第 4 章参数的确定。

参 考 文 献

蔡毅, 由长福, 祁海鹰, 等, 2002. 模糊逻辑方法用于气固两相流动 PTV 测量中的颗粒识别过程[J]. 流体力学实验与测量, 16(2): 78-83.

程文, 宋策, 周孝德, 2001. 曝气池中气液两相流的数值模拟与实验研究[J]. 水利学报, 12(12): 32-35.

程易, 王铁峰, 2017. 多相流测量技术及模型化方法[M]. 北京: 化学工业出版社.

邓红梅, 吴四夫, 2005. 基于相位相关算法的研究与实现[J]. 信息技术, 29(4): 19-20.

丁洁瑾, 2009. 粒子图像测速系统开发及在曝气池流场中应用[D]. 北京: 首都经济贸易大学.

高晖, 郭烈锦, 赵丙强, 等, 2004. 弯管内气液固三相流中液膜区流场的 PIV 测量[J]. 工程热物理学报, 25(2): 255-258.

宫武旗, 张义云, 姜华, 等, 2004. PIV 适用于两相流稀相微粒速度场测量的算法探讨[J]. 水动力学研究与进展, 19(4): 547-551.

何旭, 高希彦, 梁桂华, 等, 2003. 基于互相关算法的粒子图像测速技术[J]. 大连理工大学学报, 43(2): 164-167.

华东水利学院, 1984. 模型试验量测技术[M]. 北京: 中国水利水电出版社.

华明, 唐洪武, 王惠民, 等, 2000. ADV 技术测量圆射流流场紊动特性实验[J]. 水利水运科学研究, 3(4): 18-21.

金上海, 2003. PIV 技术的算法研究[D]. 西安: 西安理工大学.

康琦, 1997. 全场测速技术进展[J]. 力学进展, 27(1): 106-121.

刘建军, 2002. 用多块多网格方法数值模拟三维粘性流动[J]. 工程热物理学报, 23(1): 46-48.

刘晓辉, 2006. 曝气池中气液两相流粒子图像测速技术及逆解析研究[D]. 西安: 西安理工大学.

陆耀军, 董守平, 2001. 二维粒子图像测速系统的研制[J]. 实验力学, 16(3): 338-346.

马霞, 2003. 气泡羽流的数值模拟研究[D]. 西安: 西安理工大学.

饶江, 葛满初, 徐建中, 等, 2003. 固体颗粒与通道壁面相互作用的实验研究[J]. 工程热物理学报, 24(1): 134-136.

阮晓东, 宋向群, 1998. 基于 BICC 算法的 PIV 技术[J]. 实验力学, (4): 514-519.

邵春雷, 顾伯勤, 陈晔, 2010. 离心泵压水室内部定常和非定常流动 PIV 测量[J]. 农业工程学报, 26(7): 128-133.

邵雪明, 颜海霞, 辅浩明, 2003. 两相流 PIV 粒子图像处理方法的研究[J]. 实验力学, 18(4): 445-451.

申功炘, 1997. 全场观测技术概念、进程与展望[J]. 北京航空航天大学学报, 23(3): 332-340.

申功炘, 2000. 面向新世纪的粒子图像测速[J]. 流体力学实验与测量, 14(2): 1-15.

盛森芝, 徐月婷, 1993. 九十年代的流动测量技术[C]. 北京: 全国实验流体力学学术会议.

石晟玮, 王江安, 蒋兴周, 2008. 基于粒子成像测速技术的微气泡运动实验[J]. 测试技术学报, 22(4): 346-349.

孙鹤泉, 康海贵, 李广伟, 2002a. PIV 的原理与应用[J]. 水道港口, 23(1): 42-45.

孙鹤泉, 康海贵, 李广伟, 2002b. 二维流场测量技术: PIV[J]. 仪表技术与传感器, (6): 43-45.

孙鹤泉, 康海贵, 李广伟, 2002c. 基于图像互相关的 PIV 技术及其频域实现[J]. 中国海洋平台, 17(6): 1-4.

万甜, 2009. 气液两相流气泡羽流图像处理及其运动规律的研究[D]. 西安: 西安理工大学.

王鹏涛, 2006. 粒子图像测速(PIV)技术在河工模型试验中的研究与应用[D]. 郑州: 华北水利水电学院.

王希麟, 张大力, 常辙, 等, 1998. 两相流场粒子成像测速技术(PTV-PIV)初探[J]. 力学学报, 30(1): 121-125.

王张斌, 2008, 流体可视化技术在沙棘柔性坝流场测量中的应用研究[D]. 西安: 西安理工大学.

吴志军, 郝利君, 李军, 等, 2001. 激光粒子图像速度仪的开发[J]. 激光杂志, 22(2): 60-62.

吴志军, 孙志军, 张建华, 等, 1999. 粒子图像速度场仪(PIV)成像系统的开发[J]. 吉林工业大学自然科学学报, (3): 6-11.

许宏庆, 何文奇, 李良杰, 等, 2003. 应用 PIV 技术对气固两相流粒子浓度场的瞬时测量[J]. 流体力学实验与测量, 17(3): 53-56.

许联峰, 陈刚, 李建中, 等, 2003. 粒子图像测速技术研究进展[J]. 力学进展, 33(4): 533-540.

许联锋, 陈刚, 李建中, 等, 2004. 气液两相流动粒子成像测速技术(PIV)研究进展[J]. 水力发电学报, 23(6): 103-107.

杨华, 汤方平, 刘超, 等, 2011. 离心泵叶轮内二维 PIV 非定常流动测量[J]. 农业机械学报, 42(7): 56-60.

由长福, 祁海鹰, 徐旭, 等, 2003. 显微 PIV 系统与实现[J]. 流体力学实验与测量, 17(4): 84-88.

袁仁民, 曾宗泳, 孙鉴泞, 2003. 对流水槽温度场与速度场的测量[J]. 量子电子学报, 20(3): 380-384.

张政, 谢灼利, 2001. 流体-固体两相流的数值模拟[J]. 化工学报, 52(1): 1-12.

ADDALI A, ALLABABIDI S, YEUNG H, et al., 2009. Gas void fraction measurement in two-phase gas/liquid slug flow using acoustic emission technology[J]. Journal of vibration & acoustics, 131(6): 1747-1750.

ADRAIN R J, 1991. Particle-imaging techniques for experimental fluid mechanics[J]. Annual review of fluid mechanics, 23: 261-304.

BAEK S J, LEE S J, 1996. A new two-frame particle tracking algorithm using match probability [J]. Experiments in fluids, 22(1): 23-32.

CERUTTI S, KNIO O, KATZ J, 2002. Numerical study of cavitation inception in the near field of an axisymmetric jet at high Reynolds number [J]. Physics of fluids, 12(10): 2444-2460.

CHEN J J J, JAMIALAHMADI M, LI S M, 1989. Effect of liquid depth on circulation in bubble columns: a visual study[J]. Chemical engineering research & design, 2(67): 203-207.

CHENG W, MURAI Y, YAMAMOTO F, 2005. Estimation of the liquid velocity field in two-phase flows using inverse analysis and particle tracking velocimetry [J]. Flow measurement and instrumentation, 16(5): 303-308.

DEEN N G, HJERTAGER B H, SOLBERG T, 2000. Comparison of PIV and LDA measurement methods applied to the gas-liquid flow in a bubble column[C]. Lisbor: 10th international symposium on application of laser techniques to fluid mechanics.

DIMOTAKIS P E, DEBUSSY F D, KOOCHESFAHANI M M, 1981. Particle streak velocity field measurements in a two-dimensional mixing layer[J]. Physics of fluids, 24(6): 995-999.

HAMPEL U, OTAHAL J, BODEN S, et al., 2009. Miniature conductivity wire-mesh sensor for gas-liquid two-phase flow measurement[J]. Flow measurement & instrumentation, 20(1): 15-21.

HAN H, GABRIEL K S, WANG Z L, 2007. A new method of entrainment fraction measurement in annular gas-liquid flow in a small diameter vertical tube [J]. Flow measurement and instrumentation, 18(2): 79-86.

IDO T, Mural Y C, YAMAMOTO F, 2002. Postprocessing algorithm for particle-tracking velocimetry based on ellipsoidal equations [J]. Experiments in fluids. 32(3): 326-336.

ISHIKAWA M, YAMAMOTO F, MURAI Y, et al., 1997. A novel PIV algorithm using velocity gradient tensor[C]. Fukui: Proceedings of the international workshop on PIV'97.

KHALIGHI B, 1989. Study of the intake swirl process in an engine using flow visualization and particle tracking velocimetry[J]. ASME-FED, 85: 37-45.

MAGNAUDET J, RIVERO M, FABRE J, 1995. Accelerated flows past a rigid sphere or a spherical bubble. Part 1. Steady straining flow[J]. Journal of fluid mechanics, 284(4-5): 97-135.

MALIK N A, DRACOS T H, PAPANTOMIOUS D A, 1993. Particle tracking velocimetry in three-dimensional flows Part II : Particle tracking [J]. Experiments in fluids, 15(2): 279-294.

MILLER N, MITCHIE R E, 1970. Measurement of local voidage in liqueid/gas 2-phase flow systems using a universal probe[J]. Journal of the british nuclear energy society, 9(2): 94-100.

SONG X Q, YAMAMOTO F, MURAI Y, et al., 1996. Cross-correlation algorithm for PIV by delaunay tessellation[J]. Transactions of the Royal Academy of medicine in Ireland, 16(s2): 19-22.

SUN Z Q, ZHANG H J, 2010. Measurement of the flow rate and volume void fraction of gas-liquid bubble flow using a vortex flow meter[J]. Chemical engineering communications. 197(2): 145-157.

TAN C, DONG F, WU M, 2007. Identification of gas/liquid two-phase flow regime through ERT-based measurement and feature extraction[J]. Flow measurement & instrumentation, 18(5): 255-261.

WANGJIRANIRAN W, MOTEGI Y, RICHTER S, et al., 2003. Intrusive effect of wire mesh tomography on gas-liquid flow measurement[J]. Journal of nuclear science & technology, 40(11): 932-940.

ZHENG G B, JIN N D, JIA X H, et al., 2008. Gas-liquid two phase flow measurement method based on combination instrument of turbine flowmeter and conductance sensor[J]. International journal of multiphase flow, 34(11): 1031-1047.

ZHOU Y L, ZHANG Q H, XIN K, 2012. Gas-liquid two-phase flow measurement with cone orifice plate[J]. Chemical engineering, 40(12): 65-69.

第 3 章　气相速度场的可视化

气泡运动形态以及分散相和连续相之间的相互作用，决定了气液两相流工程的应用效果。流动速度是描述流动现象的主要参数，研究气泡的流场，首先要研究其速度场。

早期获得速度场的方法主要是毕托管法和热线/热膜法，其特点是接触式、浸入式的，对流场扰动大，精度不高。后来发展有 LDV、过程层析成像（process tomography，PT）技术等非接触式、非浸入式的测速方法，其线性特性好、分辨率高、动态响应快，具有快速、实时、易于实现等优点，但相关速度的物理机理尚不明确，只能测量两点间的流速，对于复杂的流动难以准确得到流场速度分布。粒子测速技术是一种新型的测速方法，不仅能显示流场的流动形态，还可以准确地提供瞬时流场的全场定量信息。本章主要介绍 PIV 技术对气相速度场的获取。速度信息提取是 PIV 技术最核心的部分，其关键是找到粒子在时间序列图像上的对应关系，这个过程就是粒子匹配（王平让，2004）。可根据粒子图像的某种相似性进行匹配，如果图像之间不具有逻辑上的相似性，就无法进行匹配；也可根据粒子运动本身具有的一些性质如运动轨迹的连续性等进行粒子匹配。粒子图像测速的全过程包括三个步骤：①流场数字图像预处理；②测速算法测速；③数据后处理。以上是典型单相流粒子图像测速步骤，对于多相流测速算法还要加上相分离技术，其他则与单相流测速步骤相同。

（1）流场原始图像采集。利用高速摄影机及合适的光源，获取流型流态的原始图像及流场中包含的示踪粒子（气泡）。

（2）图像处理、粒子匹配及速度信息提取。在获取流场图像后，PIV 技术在本质上已经转化为图像处理技术，经过相机标定、图像降噪、滤波等图像处理方法后，由粒子匹配算法获得粒子在单位时间内平面上的位移，进而计算出粒子运动速度。

（3）速度矢量场显示。将同一时刻流场中全部粒子的速度矢量显示在一幅结果图中，并去除其中伪矢量，得到最终结果数据并显示。

3.1　流场图像预处理

数字图像是用一个数字阵列来表示的图像（谷口庆治，2002）。数字阵列中的每个数字，表示数字图像的一个最小单位，称为"像素"。通过对每个像素点的颜色或者亮度等进行数字化的描述，就可以得到在计算机上进行处理的数字图像。

数字图像处理是 20 世纪 60 年代随着电子技术和计算机技术的不断提高和普及而得到高速发展的。所谓数字图像处理就是利用数字计算机或者其他数字硬件，对图像信息转换得到的电信号进行某些数学运算，以提高图像的实用性，满足人的视觉心理或应用需求的行为。其最典型的应用有以下几种（何斌等，2001）：

（1）遥感技术，如土地测绘、气象监测、环境污染监督、资源调查、农作物估产和军事侦察等领域。

（2）医学应用，其中最突出的临床应用就是超声、磁共振和 CT 等技术。

（3）安全领域，如在监控、指纹档案管理等安全领域中。

（4）工业生产，如外观检查和挑选、产品的无损检测、装配和生产线的自动化等。

在一些不利因素的作用下，如光源强度不够、光照不均匀、测量环境杂散光和背景的影响、粒子浓度较低等，导致采集到的粒子图像质量不高，不利于后续图像处理，带来较大的测量误差。例如，图像信噪比降低导致极值位置定位变得困难，定位误差也增大，因此在计算前必须对这些降质的图像进行改善处理以提高粒子图像的信噪比（王灿星等，2001），去除干扰因素的影响。图像改善包括图像增强技术和图像复原技术。

数字图像预处理一般有两个方面的操作（谷口庆治，2002）：①将一幅视觉效果不好的图像进行处理，获得视觉效果较好的图像的处理方法，称为"从图像到图像的处理"。②对一幅图像中的若干个目标物进行识别分类后，给出其特征测度，这样的处理方法称为"从图像到非图像的表示"。这种图像处理方法在许多图像分析中起到非常重要的作用，在图像检测、图像测量等领域中有着非常广泛的应用。当粒子图像测速技术被应用于流动可视化的测量领域中时，通过相邻两时刻由高速数码摄像机拍摄的粒子图像提取流场特征（位移场、速度场、涡量场、流线等），正是一种图像识别、分析、理解技术。

3.1.1　图像的数值化

为了让计算机处理图像，必须把图像作为数值来表示。真实图像是二维平面上的强度分布，为了把图像数字化必须进行在空间点阵上的采样（就是把时间和空间上连续的图像变换成离散点集的一种操作，采样点即为像素）和量化（就是把采样后具有连续值像素的值变换成离散值和整数值的操作）两个方面的工作（朱虹等，2005）。屏幕分辨率为 1024×768，刷新频率为 85Hz，即每行扫描 1024 个像素，一共扫描 768 行，每秒重复扫屏 85 次。

1. 采样

图像采样是通过先在垂直方向上采样，然后将得到的结果再沿水平方向采样两个步骤来完成。经过采样之后得到的二维离散信号的最小单位就是像素。对一幅图采样后，若每行（即横向）像素为 M 个，每列（即纵向）像素为 N 个，则图像大小为 $M \times N$ 像素。

设 $F_t(x, y)$ 为一连续图像函数，频域上展开有限宽，空间上覆盖无穷大区域，空间取样函数 $S(x, y) = \sum\limits_{j_1=-\infty}^{\infty} \sum\limits_{j_2=-\infty}^{\infty} \delta(x - j_1\Delta x, y - j_2\Delta y)$ 是理想的 δ 脉冲阵列（图 3.1）。

其中，$\delta = \begin{cases} 1, x, y = 0 \\ 0, x, y \neq 1 \end{cases}$，取样后得

$$
\begin{aligned}
F_p(x, y) &= F_t(x, y) S(x, y) \\
&= \sum_{j_1=-\infty}^{\infty} \sum_{j_2=-\infty}^{\infty} F_t(j_1\Delta x, j_2\Delta y) \delta(x - j_1\Delta x, y - j_2\Delta y)
\end{aligned} \tag{3.1}
$$

式中，$F_p(x, y)$ 为取样后的图像函数；$F_t(x, y)$ 为连续图像函数；$S(x, y)$ 为空间取样函数；j_1、j_2、分别为 x、y 方向上的粒子数；x、y 分别为 x、y 方向的初始位置；Δx、Δy 分别为 x、y 方向上的位置的变化量。

在频域其频谱为

$$
F(F_p(x, y)) = F\{F_t(x, y)\} * F\{S(x, y)\} \tag{3.2}
$$

式中，*表示卷积；$F\{\cdot\}$ 表示傅里叶变换。

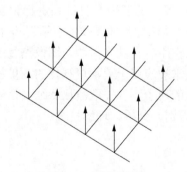

图 3.1　δ 脉冲阵列

2. 量化

量化就是把采样点上表示亮暗信息的连续量离散化后，用数值来表示。经过采样和量化后，数字图像可以用整数阵列的形式来描述。

数字图像在计算机中采用二维矩阵表示，每一个像素对应二维矩阵中的一个元素。在计算机中数字图像有多种文件格式，其中 BMP 文件最为常用，其文件

结构示意图如图 3.2 所示。一般来说，BMP 文件的数据是从下到上、从左到右的，即从文件中最先读到的是图像最下面一行的左边第一个像素，然后是左边第二个像素……接下来是倒数第二行左边第一个像素，左边第二个像素……依次类推，最后得到的是最上面一行的最右一个像素。而 RAW 文件的数据与其刚好相反，数据文件中最先读到的是图像最上面左边的第一个像素，接着是左边第二个像素……接下来是倒数第二行左边第一个像素，左边第二个像素……依次类推，最后得到的是最下面一行的最右一个像素。对于二值位图，用一位就可以表示该像素的颜色（一般 0 表示黑，1 表示白），因此一个字节可以表示 8 个像素；对于 16 色位图，用 4 位可以表示一个像素的颜色，因此一个字节可以表示 2 个像素；对于 256 色位图，一个字节刚好表示一个像素；对于真色彩图，3 个字节才能表示 1 个像素。一般处理的图像灰度（grayscale）36 为 256 色位图，只含亮度信息不含色彩信息的图像，亮度通常划分为 0～255 共 256 个级别，0 最暗（全黑），255 最亮（全白）（何斌等，2001）。

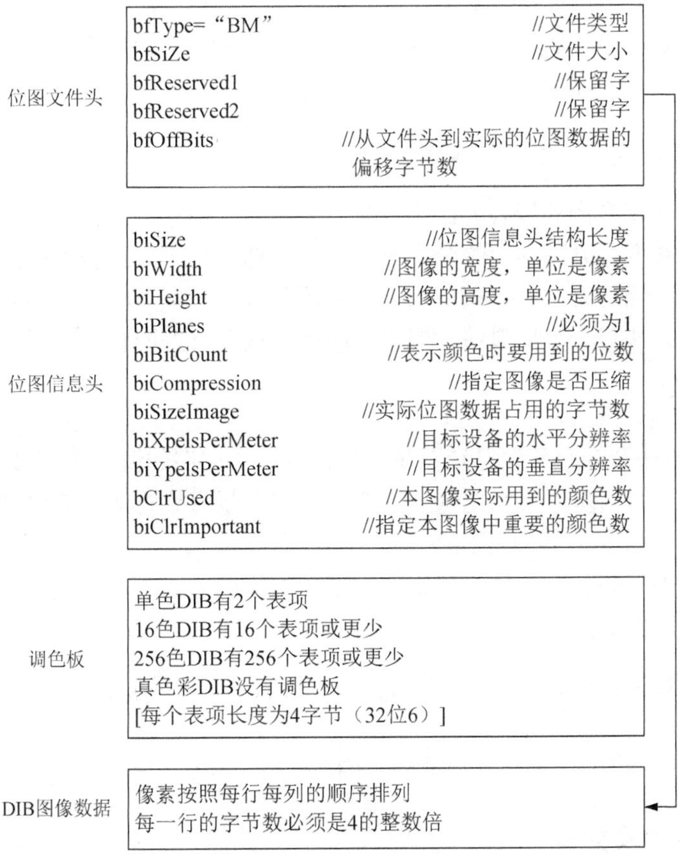

位图文件头	bfType= "BM"	//文件类型
	bfSiZe	//文件大小
	bfReserved1	//保留字
	bfReserved2	//保留字
	bfOffBits	//从文件头到实际的位图数据的偏移字节数

位图信息头	biSize	//位图信息头结构长度
	biWidth	//图像的宽度，单位是像素
	biHeight	//图像的高度，单位是像素
	biPlanes	//必须为1
	biBitCount	//表示颜色时要用到的位数
	biCompression	//指定图像是否压缩
	biSizeImage	//实际位图数据占用的字节数
	biXpelsPerMeter	//目标设备的水平分辨率
	biYpelsPerMeter	//目标设备的垂直分辨率
	bClrUsed	//本图像实际用到的颜色数
	biClrImportant	//指定本图像中重要的颜色数

| 调色板 | 单色DIB有2个表项
16色DIB有16个表项或更少
256色DIB有256个表项或更少
真色彩DIB没有调色板
[每个表项长度为4字节（32位6）] |

| DIB图像数据 | 像素按照每行每列的顺序排列
每一行的字节数必须是4的整数倍 |

图 3.2 BMP 文件结构示意图

3.1.2　图像阈值分割

图像的分割是指通过图像处理的方法，将原始图像中有价值的区域与无用的区域区分开，并将无用的区域去除，以减少后续图像处理及速度场提取的计算量。阈值分割法是利用图像中要提取的目标区域与背景区域在灰度上的差异（Hong et al.，2011；Shao et al.，2010；Dai et al.，2008），将其视为不同灰度级的两类区域的组合，再选取一个合适的阈值，将图像中的像素与设定好的阈值比较，超过设定阈值的定义为最大灰度，低于设定阈值的定义为最小灰度，由此确定每个像素点是属于目标还是属于背景，成功地把目标从背景中区别出来。阈值分割法的实现过程如下。

设原始图像为 $f(x,y)$，按上述方法经过分割处理后的图像为 $g(x,y)$，则有

$$f(x,y)=\begin{cases}1, & g(x,y)\geqslant T\\0, & g(x,y)<T\end{cases} \tag{3.3}$$

式中，T 为阈值；目标图像 $g(x,y)=1$，背景图像 $g(x,y)=0$。

阈值分割法的核心是阈值 T 的确定。阈值 T 的确定主要有以下几种方法（朱虹等，2005；施丽莲等，2005；章毓晋，2001）。

1.　基于灰度直方图的峰谷方法

基于灰度直方图的峰谷方法是一种有效且非常简单的阈值分割方法，其原理是当图像的灰度直方图为双峰分布时，表明图像的内容大致为两部分，分别在灰度分布的两个峰附近，选择阈值为两峰间的谷底点，即可将目标内容从原图中分割出来。该方法有一个局限性，即要求图像的灰度直方图必须具有双峰性。

2.　p-参数法

p-参数法是针对预先已知图像中目标物所占比例的情况下，所采用的一种简单有效的方法。其基本思路是选择一个 T，使前景目标物所占的比例为 p，背景所占比例为 $1-p$。具体步骤如下：

首先获得理想状态下的目标物所占画面的比例 p。

（1）计算图像的灰度分布 p_i（$i=0$，1，2）；

（2）计算累积分布 p_k（$k=0$，1，2，255），$p_k=\sum_{i=0}^{k}p_i$；

（3）计算阈值 T，$T=\left\{k\left|\min\left|P_k-p\right|\right|\right\}$。

3.　均匀性度量法

均匀性度量法的设计思想是假设当图像被分为目标和背景两个类别时，属于

同一类别内的像素值分布具有均匀性。设原图像为 $f(x,y)$，结果图像为 $g(x,y)$，通过图像分割将图像分为 C_1 和 C_2 两类，则算法步骤如下。

（1）给定一个初始阈值，将图像分为 C_1 和 C_2 两类：

$$\left[p_1 \cdot \sigma_1^2 + p_2 \cdot \sigma_2^2\right]_{T=T^*} = \min\left\{p_1 \cdot \sigma_1^2 + p_2 \cdot \sigma_2^2\right\} \qquad (3.4)$$

式中，p_1 和 p_2 分别为 C_1 和 C_2 的灰度分布概率；σ_1 和 σ_2 分别为 C_1 和 C_2 的方差；T 为阈值。

（2）分别计算两类中的方差 σ_1^2 和 σ_2^2：

$$\sigma_i^2 = \sum_{(x,y)\in C_i}(f(x,y)-\mu_i)^2 \quad (i=1，2) \qquad (3.5)$$

（3）分别计算两类在图像中的分布概率 p_1 和 p_2。

（4）选择最佳的阈值 $T=T^*$，使得图像按照该阈值分为 C_1 和 C_2 两类后，满足式（3.4）。

4. 聚类方法

聚类方法采用模式识别中的聚类思想，以类内保持最大相似性以及类间保持最大距离为目标，通过迭代优化获得最佳的图像分割阈值。

对于较为简单的图像（即目标和背景比较容易区分），还可采用类间最大距离法、最大熵方法、最大类间、类内方差比法，这些方法简单且行之有效，但是对于处理复杂图像，则会产生一些问题。例如，在提取水中气泡的过程中，由于光照不均，如果采用单一阈值进行分割，会使提取的面积远远小于实际面积，从而影响到后续定量分析的结果。

根据原理的不同，图像阈值分割算法主要可以分为：模糊阈值分割法、最大熵值分割法、类间方差阈值分割法等。

1）模糊阈值分割法

图像的模糊阈值分割法是由 Pal 等（1983）提出的，其基本思路是先将一幅图像看作一个模糊阵列，然后通过计算图像的模糊率或模糊熵来选取图像分割阈值，并定性讨论资格函数窗宽对阈值选取的影响。

按照模糊子集的概念，可以将一幅大小为 $M\times N$ 且具有 L（$0\sim L\text{-}1$）个灰度级的数字图像 X 看作一个模糊点阵，$\mu(x)$ 是定义在 L 个灰度级上的隶属函数，表示像素具有明亮特性的程度，像素 (m,n) 灰度值为 x_{mn}，则隶属度为 $\mu(x_{mn})$，$m=1\sim M$，$n=1\sim N$，根据信息论的基本理论，可以得到图像 X 的模糊率 $V(x)$ 和模糊熵 $E(x)$，其中模糊率 $V(x)$ 从数量上定义了图像 X 在 $\mu(x)$ 隶属函数下所呈现的模糊性的大小。

$$V(x) = \frac{2}{MN}\sum_m\sum_n \min\left[\mu(x_{mn}), 1-\mu(x_{mn})\right] \qquad (3.6)$$

$$E(x) = \frac{2}{MN \ln 2} \sum_m \sum_n S_n \left[\mu(x_{mn}) \right] \tag{3.7}$$

式中，$V(x)$ 为图像 X 的模糊率；$E(x)$ 为图像 X 的模糊熵；MN 为图像 X 的大小；香农函数 $S_n \left[\mu(x_{mn}) \right] = -\mu(x_{mn}) \ln \mu(x_{mn}) - (1 - \mu(x_{mn})) \ln(1 - \mu(x_{mn}))$。直观地看，当 $\mu(x_{mn}) = 0.5$ 时，$V(x)$ 和 $E(x)$ 取到了最大值，偏离该值时 $V(x)$ 和 $E(x)$ 都将下降。若直接从数字图像直方图考虑，式（3.6）和式（3.7）可改为

$$V(x) = \frac{2}{MN} \sum_l T(l) f(l) \tag{3.8}$$

$$E(x) = \frac{2}{MN \ln 2} \sum_l S_n \left[\mu(l) \right] f(l) \tag{3.9}$$

$$T(l) = \min \left[\mu(l), 1 - \mu(l) \right] \tag{3.10}$$

式中，$T(l)$ 为灰度值为 l 的阈值；$\mu(l)$ 为灰度值为 l 的隶属度；$f(l)$ 表示灰度值为 l 的像素之和。

在模糊阈值算法中，隶属函数对分割结果有较大影响，常见的隶属函数主要有以下几种。

（1）Zadeh 标准 S 函数：

$$\mu(x_{mn}, p, q, r) = \begin{cases} 0, & x_{mn} \leq p \\ 2\left[(x_{mn} - p)/(r - p) \right]^2, & p < x_{mn} \leq q \\ 1 - 2\left[(x_{mn} - p)/(r - p) \right]^2, & q < x_{mn} \leq r \\ 1, & x_{mn} > r \end{cases} \tag{3.11}$$

式中，x_{mn} 为像素 (m, n) 灰度值；$q = 1/2 \ (p + r)$；$\Delta q = r - q = q - p$；定义 $c = r - p = 2\Delta q$ 为窗口长度。

（2）具有升半哥西分布形式的隶属函数：

$$\mu(x_{mn}, p, q) = \begin{cases} 0, & x_{mn} \leq p \\ \dfrac{K(x_{mn} - p)^2}{1 + K(x_{mn} - p)^2}, & p < x_{mn} \leq q \\ 1, & x_{mn} > q \end{cases} \tag{3.12}$$

式中，$K > 0$；x_{mn} 为像素 (m, n) 灰度值。

（3）线性隶属函数：

$$\mu(x_{mn}, p, q) = \begin{cases} 0, & x_{mn} \leq p \\ \dfrac{1}{q - p}(x_{mn} - p), & p < x_{mn} \leq q \\ 1, & x_{mn} > q \end{cases} \tag{3.13}$$

隶属函数使原始图像模糊化。例如，选用 S 函数做隶属函数，对每一个 q 值，通过隶属函数 $\mu(x)$ 计算出对应的图像模糊率 $V(q)$。图像的模糊率反映了该图像与对应二值图像的相似性。对于原始图像，如果其直方图的目标与背景呈现双峰分布，则对应的 $V(x)$ 图形也具有双峰，这时总存在一个 q_0 值，使得对应的模糊率 $V(q_0)$ 为最小，则该 q_0 值即为图像分割的最佳阈值。模糊阈值的求解过程，实际上就是预先设定窗口 C，通过改变 q 的值，使隶属函数在灰度区间上平移，计算各 $V(q)$ 的值，$V(q)$ 的谷底位置即对应于图像分割的最佳阈值。q 在灰度区间上是遍历的，只有 C 的取值不同时，才会影响模糊率曲线，进而影响阈值选取，因此 C 的大小对分割结果的好坏起决定作用。C 值越小，$\mu(x)$ 曲线越陡，使 $V(q)$ 在谷底附近出现振荡，从而产生假阈值；反之 C 值越大，$\mu(x)$ 曲线越平坦，在模糊率曲线上有可能平滑掉直方图上的谷底，造成待选阈值的丢失。模糊阈值分割算法对具有双峰直方图特征的图像处理效果较好，如果图像的直方图不具有双峰特征，则直接利用模糊阈值分割算法，效果会很差。

2）最大熵值分割法

将信息论中香农熵的概念运用于图像分割，其依据是使得图像中目标与背景分布的信息量最大（龚声蓉等，2006；高新波，2004；边肇祺等，2000），即通过测量图像灰度直方图的熵，找出最佳阈值。

针对原图像的直方图为一维的情况，根据香农熵的概念，对于灰度范围为 $\{0,1,\cdots,l\text{-}1\}$，它的熵可以定义为

$$H = -\sum_{0}^{l-1} p_i \ln p_i \tag{3.14}$$

式中，H 为香农熵；p_i 为第 i 个灰度出现的概率。

在单阈值情况下，设阈值 t 将图像划分为目标与背景两类，令

$$p_t = \sum_{i=0}^{t} p_i, \quad h_t = \sum_{i=0}^{t} p_i \ln p_i \tag{3.15}$$

式中，p_t 为阈值 t 下灰度图像的累计分布；h_t 为阈值 t 下的香农熵。

因此，目标的熵 $H_o(t)$ 为

$$H_o(t) = -\sum_{i=0}^{t} \frac{p_i}{p_t} \ln \frac{p_i}{p_t} = \ln p_t + \frac{h_t}{p_t} \tag{3.16}$$

背景的熵 $H_b(t)$ 为

$$H_b(t) = -\sum_{i=t+1}^{l-1} \frac{p_i}{1-p_t} \ln \frac{p_i}{1-p_t} = \ln(1-p_t) + \frac{H-h_t}{1-p_t} \tag{3.17}$$

图像的总熵 $H(t)$ 为 $H_{\mathrm{o}}(t)$ 与 $H_{\mathrm{b}}(t)$ 之和，即

$$H(t) = H_{\mathrm{o}}(t) + H_{\mathrm{b}}(t) = \ln p_t (1 - p_t) + \frac{h_t}{p_t} + \frac{H - h_t}{1 - p_t} \tag{3.18}$$

使得图像总熵取得最大值的阈值 t' 为最佳阈值，即

$$t' = \max_{0 \leqslant t \leqslant l-1} \left\{ H(t) \right\} \tag{3.19}$$

在双阈值情况下，设分割阈值分别为 t_1 和 t_2，且 $t_1 < t_2$，则图像总熵为

$$H(t_1, t_2) = \ln \left(\sum_{t=0}^{t_1} p_i \right) + \ln \left(\sum_{i=t_1+1}^{t_2} p_i \right) + \ln \left(\sum_{i=t_2+1}^{l-1} p_i \right)$$
$$- \frac{\sum_{i=0}^{t_1} p_i \ln p_i}{\sum_{i=0}^{t_1} p_i} - \frac{\sum_{i=t_1+1}^{t_2} p_i \ln p_i}{\sum_{i=t_1+1}^{t_2} p_i} - \frac{\sum_{i=t_2+1}^{l-1} p_i \ln p_i}{\sum_{i=t_2+1}^{l-1} p_i} \tag{3.20}$$

最佳阈值 t_1' 和 t_2' 使总熵 $H(t_1', t_2')$ 取得最大值为

$$H(t_1', t_2') = \max_{0 \leqslant t \leqslant l-1} \left\{ H(t_1, t_2) \right\} \tag{3.21}$$

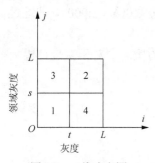

图 3.3　二维直方图

针对原图像的直方图为二维的情况，设二维直方图中有两个类，i 方向表示灰度，j 方向表示领域灰度，构成的二维直方图如图 3.3 所示。其中，1 区表示目标，2 区表示背景，则目标和背景的两类概率分别为

$$p_1(t, s) = \sum_{i=0}^{t} \sum_{j=0}^{s} p(i, j) \tag{3.22}$$

$$p_2(t, s) = \sum_{i=t+1}^{L} \sum_{j=s+1}^{L} p(i, j) \tag{3.23}$$

目标的信息熵为

$$H_1 = \sum_{i=0}^{t} \sum_{j=0}^{s} \left(p(i, j) / p_1(t, s) \right) \lg \left(p(i, j) / p_1(t, s) \right)$$
$$= \lg \left(p_1(t, s) \right) + h_1(t, s) / p_1(t, s) \tag{3.24}$$

背景的信息熵为

$$H_2 = \sum_{i=t+1}^{L} \sum_{j=s+1}^{L} \left(p(i, j) / p_2(t, s) \right) \lg \left(p(i, j) / p_2(t, s) \right)$$
$$= \lg \left(p_2(t, s) \right) + h_2(t, s) / p_2(t, s) \tag{3.25}$$

其中

$$h_1(t,s) = -\sum_{i=0}^{t}\sum_{j=0}^{s} p(i,j)\lg(p(i,j)) \tag{3.26}$$

$$h_2(t,s) = -\sum_{i=t+1}^{L}\sum_{j=s+1}^{L} p(i,j)\lg(p(i,j)) \tag{3.27}$$

则图像的总信息熵为

$$H(t,s) = H_1 + H_2 \tag{3.28}$$

且

$$H(t,s) = \lg(p_1(t,s)p_2(t,s)) + \frac{h_1(t,s)}{p_1(t,s)} + \frac{h_2(t,s)}{p_2(t,s)} \tag{3.29}$$

则依据最大熵原则获得的最佳阈值向量为

$$(t^*,s^*)^{\mathrm{T}} = \mathrm{Arg}\max_{1<t<L-1}\max_{1<s<L-1}(H(t,s)) \tag{3.30}$$

为了减小计算复杂度，图像的噪声和杂波的概率忽略不计，于是有

$$p_1(t,s) + p_2(t,s) \approx 1, h_{\mathrm{T}} = h_1(t,s) + h_2(t,s) \tag{3.31}$$

其中

$$h_{\mathrm{T}} = -\sum_{i=0}^{L}\sum_{j=0}^{L} p(i,j)\lg(p(i,j)) \tag{3.32}$$

　　以上处理方法称作近分法（approximate segmentation method，ASM），它对每一对(t, s)计算两类概率（目标概率和背景概率）和聚类均值的复杂度为$O((L+1)^2)$，且共有$(L+1)^2$对(t, s)，因而计算最大熵法的总计算复杂度为$O((L+1)^4)$，运算量大。Chen 等（1994）提出了近分法的快速递推算法，给出了$p_1(t, s)$和$O_1(t, s)$的快速递推公式，计算复杂度从 $O((L+1)^4)$降为 $O((L+1)^2)$，但该方法将图像的噪声和杂波区域的概率进行了忽略，造成假设与实际不符，使得分割结果不够准确。

　　3）类间方差阈值分割法

　　类间方差阈值分割法（又叫大津阈值分割法），是在最小二乘法的基础上推导而来的，具有计算简单、效率高、速度快等优点。类间方差阈值分割法是一种动态二值化方法，是利用最小二乘法得到图像的灰度分布，再进行统计性选取的一种阈值分割方法。利用最小二乘法统计得到的图像灰度图，在目标和背景呈突起，在两个突起的"峰"之间，有个一明显的"谷"区域，此时的"谷底"即为最佳阈值（图 3.4）。但在实际处理中，要么两个"峰"之间高度差异很大，要么"谷"过平过宽，这时寻找最佳阈值的难度就会加大。而类间方差阈值分割法就是针对这种情况，在各种情况下，都能获得满意的结果。

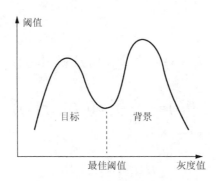

图 3.4　最佳阈值选取示意图

　　类间方差阈值分割法的基本原理为：提前设定一个阈值，按灰度变化将图像分割成两组，一组灰度对应目标，一组灰度对应背景，若分割正确，则这两组灰度值的类内方差最小，此时两组灰度的类间方差最大的灰度值即为最佳阈值。其具体实现过程如下：设定原始图像的灰度值为 $1\sim m$，当灰度值为 i 时，n_i 是第 i 个灰度值所对应的像素，则总像素数为

$$N_p = \sum_{i=1}^{m} n_i \tag{3.33}$$

式中，N_p 表示总像素数；n_i 表示第 i 个灰度所对应的像素。

　　各灰度值出现的概率为

$$P_i = n_i / N \tag{3.34}$$

再用设定的灰度值 k 将整体灰度分为两组 $C_0 = \{1\sim k\}$ 和 $C_1 = \{k+1\sim m\}$，则 C_0 产生的概率为

$$\omega_0 = \sum_{i=1}^{k} P_i = \omega(k) \tag{3.35}$$

C_1 产生的概率为

$$\omega_1 = \sum_{i=k+1}^{m} P_i = 1 - \omega(k) \tag{3.36}$$

C_0 组的组内平均值为

$$\mu_0 = \sum_{i=1}^{k} \frac{iP_i}{\omega_0} = \frac{\mu(k)}{\omega(k)} \tag{3.37}$$

C_1 组的组内平均值为

$$\mu_1 = \sum_{i=k+1}^{m} \frac{iP_i}{\omega_1} = \frac{\mu - \mu(k)}{\omega - \omega(k)} \tag{3.38}$$

式中，$\mu = \sum_{i=1}^{m} iP_i$ 是原始图像的平均值；$\mu(k) = \sum_{i=1}^{k} iP_i$ 是当阈值为 k 时的灰度平均

值。因此，全部样本的灰度平均值为 $\mu = \omega_0\mu_0 + \omega_1\mu_1$。$C_0$ 和 C_1 两组间的方差可由式（3.39）求出：

$$
\begin{aligned}
\sigma^2 &= \omega_0\left(\mu_0 - \mu\right)^2 + \omega_1\left(\mu_1 - \mu\right)^2 \\
&= \omega_0\omega_1\left(\mu_1 - \mu_0\right)^2 \\
&= \frac{\left[\mu\omega(k) - \mu(k)\right]^2}{\omega(k)\left[1 - \omega(k)\right]}
\end{aligned}
\tag{3.39}
$$

计算过程中，在 $1\sim m$ 改变 k 值，求出式（3.39）中 $\sigma^2(k)$ 为最大值时的 k，设为 k^*，即是所求的阈值。

然后设定阈值 k^* 为临界值，再将大于和小于临界阈值的像素点的灰度值设置为 0 和 255，就可以将原始图像转化为只有黑白两种颜色的图像。这种二值化方法，可以大大减少无用和错误的信息量。

$$
g(x,y) = \begin{cases} 0, & f(x,y) < k^* \\ 255, & f(x,y) \geqslant k^* \end{cases}
\tag{3.40}
$$

图像二值化过程如图 3.5 所示。

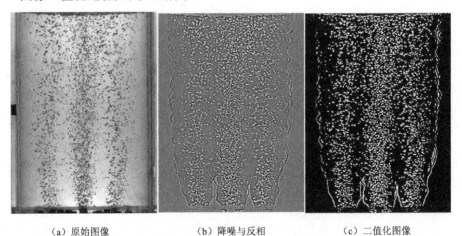

（a）原始图像   （b）降噪与反相   （c）二值化图像

图 3.5　图像二值化过程示意图

3.1.3　气泡图像的分割

图像的分割是把对图像中感兴趣的区域分割出来，便于研究和分析。由于只能用图像信息中的部分特征去分割区域，因而分割方法必然带有局限性。图像分割方法主要有两类：一类是按像点的灰度值分割；另一类是基于边界提取分割（王新成，2000）。

1. 按像点的灰度值分割

按像点的灰度值分割即通过设定一个门限值（阈值）T，把灰度值分为大于 T 和小于 T 两组，从而分割图像。该点阈值的选择和直方图有关，具体方法介绍如下。

1）最大方差法

就图像分割而言，图像灰度直方图形状是多变的，有双峰但无明显的低谷或者是双峰与低谷都不明显，这时使用最大方差自动取阈值往往能得到较好的效果。具体如下（森俊二，2001）。

$$\theta_1 = \sum_{j=0}^{t} \frac{n_j}{n} \tag{3.41}$$

$$\theta_2 = \sum_{j=t+1}^{G-1} \frac{n_j}{n} \tag{3.42}$$

式中，θ_1、θ_2 分别表示双峰、低谷的面积，$\theta_2 = 1 - \theta_1$。

整幅图像的平均灰度为

$$\mu = \sum_{j=0}^{G-1} \left(f_j \times \frac{n_j}{n} \right) \tag{3.43}$$

双峰的平均灰度为

$$\mu_1 = \frac{1}{\theta_1} \sum_{j=0}^{t} \left(f_j \times \frac{n_j}{n} \right) \tag{3.44}$$

低谷的平均灰度为

$$\mu_2 = \frac{1}{\theta_2} \sum_{j=t+1}^{G-1} \left(f_j \times \frac{n_j}{n} \right) \tag{3.45}$$

式中，G 为图像的灰度级数；f_j 代表像素点的灰度；t 为分离两区域的阈值。

经数学推导，区域间方差为

$$\theta_B{}^2(t) = \theta_1(t)\theta_2(t)\left[\mu_1(t) - \mu_2(t)\right]^2 \tag{3.46}$$

当被分割的两区域方差最大时，阈值最佳为

$$T = \max\left[\delta^2{}_B(t)\right] \tag{3.47}$$

原气泡图见图 3.6，采用最大方差法处理后的效果见图 3.7 所示。

2）灰度直方图法

设各灰度级的出现概率分别为

$$P_1 = P(L_1), \quad P_2 = P(L_2), \cdots, P_n = P(L_n) \tag{3.48}$$

图 3.6　原气泡图

图 3.7　最大方差法处理后的效果图

且有

$$\sum_{n=1}^{N} P_N = 1 \tag{3.49}$$

对于这种随机变量的图像，其密度矩阵是各不相同的。

对随机变量的统计过程中，期望值是一个十分重要的统计特征，反映了随机变量的平均取值。从力学观点来看，它代表了物体的质量中心，是随机变量取值较为集中的地方。既然灰度直方图在图像当中是一个随机变量，则从灰度"中心"进行分割应当是最佳平衡点，它使取黑像素的灰度值和白像素的灰度值均等，用 $\mu_{\text{threshold}}$ 来表示阈值，则有

$$\mu_{\text{threshold}} = \sum_{n=1}^{N} L_n P(L_n) \tag{3.50}$$

令 $h(L_n)$ 代表图像中灰度 L_n 出现的次数，则由式（3.50）可以推出：

$$\mu_{\text{threshold}} = \sum_{n=1}^{N} L_n P(L_n) = \sum_{n=1}^{N} L_n \frac{h(L_n)}{\sum\limits_{n=1}^{N} h(L_n)} = \frac{\sum\limits_{n=1}^{N} L_n h(L_n)}{\sum\limits_{n=1}^{N} h(L_n)} \tag{3.51}$$

式（3.51）是一种基于全局的阈值分割法，它的适用性是比较广泛的。图 3.8 为用灰度直方图法处理图 3.6 后的效果图。

3）迭代法

求出图像中的最小和最大灰度值 Z_{L} 和 Z_{G}，令阈值初值 $T^0 = \dfrac{Z_{\text{L}} + Z_{\text{G}}}{2}$，根据阈值将图像分割成目标和背景两部分，分别求出两部分的平均灰度值 Z_{O} 和 Z_{B}：

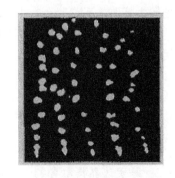

图 3.8　灰度直方图法处理后的效果图

$$Z_{\mathrm{O}} = \frac{\displaystyle\sum_{f(i,j)<T^K} f(i,j) \times N(i,j)}{\displaystyle\sum_{f(i,j)<T^K} N(i,j)} \qquad (3.52)$$

$$Z_{\mathrm{B}} = \frac{\displaystyle\sum_{f(i,j)>T^K} f(i,j) \times N(i,j)}{\displaystyle\sum_{f(i,j)>T^K} N(i,j)} \qquad (3.53)$$

式中，$f(i,j)$是图像上(i,j)点的灰度值；$N(i,j)$是点(i,j)的权重系数，一般取$N(i,j)=1.0$。

求出新的阈值：

$$T^{K+1} = \frac{Z_{\mathrm{O}} + Z_{\mathrm{B}}}{2} \qquad (3.54)$$

如果$T^K = T^{K+1}$，则结束，否则$K \leftarrow K+1$，继续重复式（3.52）～式（3.54）（何斌等，2002）。迭代法处理图 3.6 后的效果图见图 3.9。

采用不同方法计算的阈值见表 3.1。

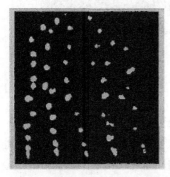

图 3.9　迭代法处理后的效果图

表 3.1　不同方法计算的阈值

方法	阈值	时间
最大方差法	140	短
灰度直方图法	154	中
迭代法	129	长

以上三种从掺气水流图像上提取气泡的二值化阈值确定方法各有优劣，特点如下。

（1）迭代法在尽可能保证图像平均照度的目标下是最优的（刘荣丽等，2002），但是较为耗时。

（2）灰度直方图法对图像的信噪比要求不高，对图像的对比度和直方图分布这类图像性能敏感，对比度小的图像在求其阈值前，应该先进行灰度变换，否则最终的分割效果可能会不理想。

（3）最大方差法对噪音和目标大小十分敏感，它仅对直方图为单峰的图像产生较好的效果，当目标与背景的大小比例悬殊时，最大方差准则函数可能呈现双峰或者多峰，此时效果不好。

2. 基于边界提取分割

许多学者分析了人的视觉，发现视觉对图像中的边缘更灵敏，也就是说并不按点的灰度区分物体，因此提出以物体区域边界为基础的边界图像分割方法（章毓晋，1995），边沿算子是其中最常用的一种方法，其可分为梯度算子、方向算子等。

最早的梯度算子是 Roberts 算子，可以定义边沿的幅度和方向。

$$g(i,j) = \left(\nabla^2_x + \nabla_y{}^2\right)^{\frac{1}{2}} \tag{3.55}$$

$$\phi(i,j) = \tan^{-1}\left(\frac{\nabla_y}{\nabla_x}\right) \tag{3.56}$$

式中，$\nabla_x = f(i+n,j+n) - f(i,j)$；$\nabla_y = f(i,j+n) - f(i+n,j)$。其中，一般 $n=1$，f 为图像的灰度级。

Roberts 算子是微分算子，由于窗口较小，平滑噪声作用也小。以下几种算子是改进的 Roberts 算子。

1）Sobel 算子

抑制噪音较强，但检出的边缘的宽度较宽。x 方向模板可以检出图像垂直方向的边缘，y 方向模板可以检出图像水平方向的边缘。实际应用中，取每个图像两个模板卷积的最大值作为该相元的输出值。两个方向的模板为 x 方向模板

$$\begin{bmatrix} -1 & 0 & 1 \\ -r & 0 & r \\ -1 & 0 & 1 \end{bmatrix}，y 方向模板 \begin{bmatrix} 1 & r & 1 \\ 0 & 0 & 0 \\ -1 & -r & -1 \end{bmatrix}，其中 r=2。$$

2）Prewitt 算子

Prewitt 算子同 Sobel 算子相似，只是模板中的 $r=1$。两个模板为 x 方向模板

$$\begin{bmatrix} 1 & 0 & -1 \\ r & 0 & -r \\ 1 & 0 & -1 \end{bmatrix}，y 方向模板 \begin{bmatrix} 1 & r & -1 \\ 0 & 0 & 0 \\ -1 & -r & -1 \end{bmatrix}。$$

3）Kirsch 算子

Kirsch 算子为了改善求平均值的运算，考虑了图像的方向性。某像元 $f(x,y)$ 经过 Kirsch 算子计算后为

$$g(x,y) = \max\left\{T, \max_{i=0\sim7}\left(\left[5S_i - 3T_i\right]\right)\right\} \tag{3.57}$$

式中，T 为一门限值；i 为八邻点顺序号。

$$S_i = A_i + A_{i+1}(\mathrm{mod}\,8) + A_{i+2}(\mathrm{mod}\,8)$$

$$T_i = A_{i+3}(\mathrm{mod}\,8) + A_{i+4}(\mathrm{mod}\,8) + A_{i+5}(\mathrm{mod}\,8) + A_{i+6}(\mathrm{mod}\,8) + A_{i+7}(\mathrm{mod}\,8)$$

3.1.4　图像降噪与增强

在实验过程中对图像进行记录、传输和保存时，由于受到各种因素的影响，被保存的图像质量会有所下降，主要表现为图像的模糊、失真及存在噪声等。造成图像质量下降的因素有很多种，如高速摄影机的像差、镜头的边缘形变、光学折射、对焦精度等，都会造成图像的退化。图像退化会直接影响后续 PIV 速度场提取的可靠性和精确性，因此图像的降噪与增强是图像处理过程中的重要环节。

图像中的噪声在图像处理的范围内，可以理解成妨碍感觉器官或信号接收方对信号源信息理解分析的程度（Zhang et al.，2006）。图像噪声在理论上是不可预测的，只能通过概率统计的方法来认识（李洪伟，2012）。通常将图像噪声看作多维随机变量，描述图像噪声时也利用概率分布函数和概率密度函数进行描述，但这种描述方法十分复杂。也使用图像噪声的数字特征，如均值、方差及相关函数等反应图像噪声的特征。

1.　小波变换

由于图像噪声的存在，实验采集的原始图像在后期进行速度场提取时会产生较大的误差，如淹没原始图像中的粒子轨迹或代替粒子被后期识别，从而影响速度场提取的精度。但因为图像噪声的复杂性，很难建立统一的噪声模型对其进行处理。小波分析理论可以对原始图像进行降噪处理，这种方法实施简单，且能取得较好的降噪效果。以下对小波变换理论进行介绍（Xue et al.，2013；施丽莲等，2012；金俞鑫，2011；施丽莲，2004）。

对于由有限信号构成的条件空间函数 (R) 中的任一函数 $\psi(x)$，若其满足 $\int_{-\infty}^{+\infty}\left|\psi(\omega)\right|^2 \mathrm{d}x < +\infty$，只要该函数同时满足傅里叶变换的重构条件：

$$C_\psi = \int \frac{\left|\psi(\omega)\right|^2}{\left|\omega\right|}\mathrm{d}\omega < +\infty \tag{3.58}$$

函数 $\psi(x)$ 即可作为一个基本小波。若对函数 $\psi(x)$ 进行收缩和平移，则可生成一个新的函数族：

$$\psi_{a,b}(x) = \frac{1}{\sqrt{|a|}}\psi\left(\frac{x-b}{a}\right), \quad a \neq 0 \tag{3.59}$$

式中，$\psi_{a,b}(x)$ 为连续小波；a 为收缩尺度因子；b 为平移因子。则可对其所属函数空间 (R) 的任意函数 $f(x)$ 的连续小波变换定义如下：

$$W_f(a,b) = \left[f, \psi_{a,b}\right] = \frac{1}{\sqrt{|a|}}\int_R f(x)\overline{\psi\left[(x-b)/a\right]}\,\mathrm{d}x \tag{3.60}$$

式中，$\overline{\psi_{a,b}(x)}$ 为 $\psi_{a,b}(x)$ 的共轭复函数。

2. 低通滤波

后期的速度场提取对象是流场图像中的气泡，因此有必要增强气泡在流场中的显示，同时减弱并去除无用的信息，提高图像的可读取性，以减少后续计算的误差，提高后期结果的精度。图像增强技术通常使用的方法分为两种，即空域处理法和频域处理法。

（1）空域处理法是对图像空间域内的像素灰度值进行直接的运算处理，其描述式如下：

$$g(x,y) = f(x,y) \cdot h(x,y) \tag{3.61}$$

式中，$f(x,y)$ 表示原始图像；$g(x,y)$ 为增强后的图像；$h(x,y)$ 为空间运算函数。

（2）频域处理法是在某频率变换域中对图像进行变换值运算处理，再通过运算回到空间域，是一种间接处理法，其描述式为

$$F(\mu,v) = \psi\left\{f(x,y)\right\} \tag{3.62}$$

$$G(\mu,v) = H(\mu,v) \cdot F(\mu,v) \tag{3.63}$$

$$g(x,y) = \psi^{-1}\left\{G(\mu,v)\right\} \tag{3.64}$$

式中，$f(x,y)$ 为原始图像；$F(\mu,v)$ 是对原始图像进行频域正变换的结果；ψ 表示频域的正变换函数。$H(\mu,v)$ 为频域修正函数；$G(\mu,v)$ 为修正后的结果。ψ^{-1} 表示该频域的逆变换；$g(x,y)$ 是 $G(\mu,v)$ 逆变换的结果，即增强后的结果图像。

在频域中，通常采用的图像增强法为低通滤波法。其原理是分析图像变换后的信号频率特性。图像边缘、其他灰度跳跃区及颗粒噪声对应频率中的高频分量，其他灰度变化较慢的区域代表频率中的低频分量。因此，对一幅有灰度跳跃区域及颗粒噪声的图像，可以通过滤波法去除其高频分量并保留低频分量，从而达到平滑并增强图像效果的目的。

由式（3.62）～式（3.64）可知，$f(x,y)$ 为原始图像，$F(\mu,v)$ 是含有噪声的图像变换，$G(\mu,v)$ 是平滑的图像变换，$H(\mu,v)$ 是频率中的修正函数。低通滤波法是选择一个合适的频域修正函数 $H(\mu,v)$，利用积卷函数运算使 $F(\mu,v)$ 中的高频分量衰减并去除，再经过图像变换，得到平滑后的图像 $g(x,y)$。即低通滤波过滤了高频分量，并让低频信息无损通过。

当频域的低通滤波采用 Butterworth 的低通滤波法，其传递函数为

$$H(u,v) = \mathrm{e}^{-\left[\frac{D(u,v)}{D_0}\right]^n} \tag{3.65}$$

式中，D_0 为截止频率；n 为衰减率的系数；$D(u,v)$ 为坐标点 (u,v) 距离频率平面原点的距离，计算公式为

$$D(u,v) = \left[u^2 + v^2\right]^{\frac{1}{2}} \tag{3.66}$$

当 $H(u,v)$ 下降至原始值的 $1/\sqrt{2}$ 时，$D(u,v)$ 的值即为截止频率 D_0。

当 $D_0 = D(u,v)$ 时，有

$$H(u,v) = \frac{1}{e} \tag{3.67}$$

若截止频率 D_0 设在 $H(u,v)$ 最大值的 $1/\sqrt{2}$ 处，则

$$H(u,v) = e^{\left[\ln\frac{1}{2}\right]\left[\frac{D(u,v)}{D_0}\right]^n} = e^{-0.374\left[\frac{D(u,v)}{D_0}\right]^n} \tag{3.68}$$

由卷积定理可知：

$$G(u,v) = H(u,v) \cdot F(u,v) \tag{3.69}$$

3. 中值滤波

中值滤波也是图像增强常用的方法之一，它采用一种典型的低通滤波器，在保护图像边缘的同时去掉噪声，窗口的形状可选为正方形和十字形。它不考虑图像降质的原因，只将图像中感兴趣的特征有选择性的突出，衰减次要信息。这种方法能提高图像的可读性，改善后的图像不一定逼近原始图像，如突出目标的轮廓，衰减各种噪声等。中值滤波是一种非线性的信号处理方法，与其对应的中值滤波器也是一种非线性的滤波器。中值滤波器在 1971 年由 Jukey 提出并应用在一维信号处理技术中，后来被二维图像信号处理技术所应用，由于它在实际运算过程中不需要图像的统计特征，带来了不少方便。中值滤波在一定条件下可以克服线性滤波器如最小均方滤波、均值滤波所带来的图像细节模糊，但对滤除脉冲干扰即图像扫描噪声最为有效，其对于干扰脉冲和点状噪声有良好的抑制作用，能够平滑尖锐噪声，即使在信噪比较低的区域仍能对图像边缘有较好的保持，而且其计算速度非常快，可以用于在线处理（赫荣威，1988）。通过对图像进行中值滤波，可以抑制噪声，增强图像特征，提高信噪比。中值滤波降噪过程如图 3.10 所示，其中值滤波器采用 3×3 正方形滤波器。

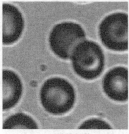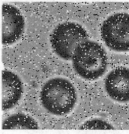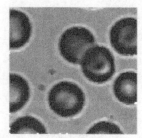

（a）原始图像　　　　　　（b）加噪后图像　　　　　　（c）降噪后图像

图 3.10　中值滤波降噪过程

中值滤波一般采用一个含有奇数个点的滑动窗口，将局部区域中灰度的中央值作为区域中央像素的输出灰度。对于滤波宽度为 N_f，面积为 A 的正方形中值滤波器而言，对以点 (i_o, j_o) 为中心的滤波窗口内所有像素的灰度值按从小到大的顺序排列，将中间值作为点 (i_o, j_o) 处的灰度值（若窗口中有偶数个像素，则取两个中间值的平均），其表达式为

$$X_{i,j}^1 < \cdots < X_{i,j}^k < \cdots < X_{i,j}^{N_f^2}, \quad Y_{i_o, j_o} = X_{i,j}^k \ (i,j) \in A \tag{3.70}$$

式中，$X_{i,j}^1 \cdots X_{i,j}^k \cdots X_{i,j}^{N_f^2}$ 是窗口 A 内像素的灰度值；$X_{i,j}^k$ 是灰度值中值；Y_{i_o, j_o} 是点 (i_o, j_o) 中值滤波后的像素值。

中值滤波示意图如图 3.11 所示。图中数字代表该处的灰度，可以看出原图中间的 5 和周围的灰度相差很大，是一个噪声点，经过 3×1 窗口（水平 3 个像素取中间值）的中值滤波，得到处理后的图，可以看出噪声点被去掉了。中值滤波容易去掉孤立的点和线的噪声，同时保持图像的边缘效果，能很好地去除椒盐类噪声。但当窗口内的噪声点的个数大于窗口的一半时，中值滤波的效果不好，其对于颗粒状的噪声和高斯噪声除噪能力不强。

原图　　　　　　　　　　　处理后的图

0000000　　　　　　　　　0000000

0000000　　　　　　　　　0000000

0011100　　　　　　　　　0011100

0015100　　　　　　　　　0011100

0011100　　　　　　　　　0011100

0000000　　　　　　　　　0000000

图 3.11　中值滤波示意图

3.1.5　边缘提取

边界跟踪可分为外侧边界的跟踪和内侧边界的跟踪，跟踪算法对外侧边界的跟踪一般是沿逆时针方向，内侧边界跟踪是沿顺时针方向。边界跟踪可以用于检测边界成分、计算周长等（谷口庆治，2002；田村秀行，1986）。首先定义八连接，图 3.12 为八连接示意图。边界跟踪示意图见图 3.13。

（1）对图像扫描，寻找起始点，如果能检测出来，此点就定义为跟踪的起始点 S 并记录下来，顺时针开始跟踪。当没有跟踪点时，操作结束。

图 3.12　八连接示意图

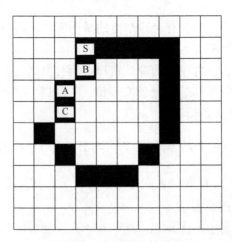

图 3.13　边界跟踪示意图

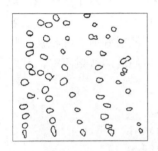

图 3.14　气泡边缘检测图

（2）从起始点开始按八近邻像素点查找边界点，如果在八近邻像素点上没有找到黑色像素，那么跟踪起始点就为孤立点，跟踪结束。

（3）如果从白色像素到黑色像素的变化在下一个边界点位置，把最初遇见的黑色像素点作为起始点，继续跟踪，直至回到起始点，跟踪结束。下面给出图 3.6 经过上述方法跟踪得到的边界（图 3.14）。

3.1.6　图像拼接

图像拼接是一个日益流行的研究领域，已经成为照相绘图学、计算机视觉、图像处理和计算机图形学研究的热点。图像拼接解决问题一般是通过对其一系列空间重叠的图像，构造一个无缝的高清晰图像，它具有比单个图像更高的分辨率和更大的视野（严国荣等，2002）。

早期的图像拼接研究一直用于照相绘图学，主要是对大量航拍或卫星图像的整合。近年来随着图像拼接技术的发展，它使基于图像的绘制成为结合两个互补领域——计算机视觉和计算机图形学的研究焦点。在计算机视觉领域中，图像拼接成为对可视化场景描述的主要研究方法。在计算机图形学中，现实世界的图像过去一直用于环境贴图，即合成静态的背景和增加合成物体的真实感的贴图。图像拼接可以将一系列的真实图像快速地处理成具有真实感的新视图。在解决流场图像拼接问题中，遗传算法起到很重要的作用。

1. 遗传算法简介

遗传算法是 Holland 教授于 1975 年提出的，它借助生物界"适者生存，优胜劣汰"的机制来解决工程中的大量优化问题（何仁芳等，2003）。遗传算法的基本操作如下。

（1）遗传操作前的准备工作：编码和初始种群的产生。

编码可分为两种：二进制编码和十进制编码。通过编码将问题空间引到码空间。编码要遵循完备性和非冗余性原则。

对于二进制编码，初始种群的产生，可以采用通过随机产生的方法。例如，产生一个 0～1 的随机数，如果随机数在 0～0.5，则该位为 0；如果该随机数在 0.5～1，则该位为 1。对于十进制编码，直接在要求的范围内随机产生一组数，作为初始种群。

（2）复制。复制是按照适应度的大小来决定的。比较直观的复制方法一般采用轮盘赌的方法，具体做法如下：随机产生一个 0～1 的数，如果随机数落到某个个体所占的比例区域，则该个体被复制。

（3）交叉。交叉分两个步骤：①将新复制的种群中的成员两两随机匹配；②随机选择交叉点进行交叉。交叉的方法一般有两种：一点交叉和两点交叉。

（4）变异。变异是以很小的概率随机改变一个串位的值。如果为二进制串，变异就将 1 变为 0，将 0 变为 1。如果为十进制，将原来的数变为要求范围内的任意数。变异概率一般很小。

遗传算法中应注意的几个问题如下。

（1）种群。初始种群的规模一般为 10～160 个。进化过程中，种群的规模越大，个体的多样性越好，陷入局部极值的可能性越小。但是，种群的规模越大，适应度的计算量越大，导致算法的效率越低。因此，在实际应用中，种群的规模不宜过大。

（2）适应度函数。通常将目标函数作为适应度函数，但要求目标函数值不能为负。当目标函数值为负时，将函数值抬高。当目标为求最小值时，取其相反数并将函数值抬高。

2. 算法描述

由于常用的二进制遗传算法在产生随机数时编码位数的限制，无法在一个适当的小范围内取值，从而影响了拼接的速度及精度。例如，当取值范围在 0～255 时，可进行 8 位编码，符合要求。但当取值范围在 0～340 时，进行 8 位编码不能包含全部取值，进行 9 位编码又过大，取到 256～512 的不需要的数，使得程序在不必要的数据上浪费时间，严重时可能导致错误。当编码位数确定以后，随机数取值范围将被固定，当图像过大时，就会出现上述问题。因此，一般选用十进制遗传算法进行图像拼接，取值范围即随机数产生范围为图像的宽度。它能随着图像的大小来变化，减少了程序在不必要的取值上的时间的浪费（金上海，2003；

王灿星等，2001），提高了速度。以王张斌（2008）对沙棘柔性坝中图像拼接的实验为例，具体算法如下。

（1）初始化。设初始种群为 100，交叉概率为 0.9，变异概率为 0.08，进化代数为 100。

当对图像进行拼接时，一般来说种群取值范围定为图像的宽度。染色体个数设为 3 个，分别为拼接位置、平移量、旋转量。取值为拼接位置 0~1 Width（图像宽度），平移量-1Width/4~1Width/4，旋转量 0~45°。

（2）产生初始种群。对初始种群随机初始化，在给定范围内的最值之间调用 rand( )函数进行赋值。

（3）适应度函数设计。这里选用（1Width/2）*3 的窗口进行计算。在原始图像中，选用其最右边的（1Width/4）~（1Width*3/4）列、0~2 行的矩形，在待拼接的图像中，任意选取一个（1Width/2）*3 的矩形窗口进行计算，求两个矩形所有对应位置上的差的和。由于拼接过程就是找出这个和值为最小时的位置，将其归一化到 0~255，用 255 减去得到的结果，求出结果为最大的个体，即为这一代的最优个体。

（4）选出当前代中的最优个体。

（5）交叉。以交叉概率进行交叉，并对交叉后的新染色体进行判别，循环，直到产生符合的新染色体。当满足交叉概率时，进行交叉，交叉方法如下：

设 A、B 为当前要交叉的两个染色体，C、D 为交叉后的染色体，f 为一个随机产生的 0~1 的随机数。计算公式为

$$C = f \times A + (1-f) \times B \qquad D = (1-f) \times A + f \times B \qquad (3.71)$$

否则，直接赋值，不进行交叉。

（6）变异。以变异概率进行变异，当符合交叉概率时，在最值之间选择随机一个数，替换原有的染色体，否则不变异。

（7）循环直到最后一代，找出所有最优染色体中最好的一个。

3. 程序校验

王张斌（2008）在试验中对图像进行拼接处理，循环代数选为 200 代，交叉概率选为 0.9，变异概率选为 0.08。原始图片及遗传操作完成以后的拼接结果如图 3.15 所示。

图 3.15 中的图像经遗传操作后所得各变量结果对话框如图 3.16 所示。可以看出，拼接位置出现在第二幅图像的第 65 列，最优个体出现在 105 代。第二副图像有向上的平移，此处规定向上平移为负，向下平移为正，因此平移量为 1。

（a）拼接前的原始图像

（b）拼接后的图像

图 3.15　图像正向平移拼接

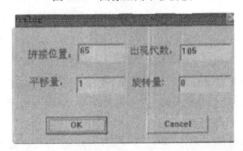

图 3.16　经图像遗传操作后所得变量结果对话框

　　对两幅图像进行拼接，包括图像的配准、平移、旋转。在操作过程中，通过比较二进制和十进制遗传算法在拼接中的效果，最后应用十进制遗传算法进行拼接，使种群的取值范围随着图像的大小而变化，达到了自适应的效果，克服了二进制遗传算法中种群的取值范围以及个体编码位数的限制，从而提高了算法的速度和精度。

3.2　气相速度场获取

　　从 PIV 技术测量的基本原理可知，查询区域内单个速度矢量是基于拉格朗日法即"质点观点"得到的；整个流场的显示则是在极短的时间内，近似认为单个查询区域内速度恒定，显示的结果是基于欧拉方法的，即提供整场瞬时信息。

拉格朗日法是研究流体运动的一种基本方法。采用"质点观点"研究流体运动，跟随一个选定的流体质点，观察它在运动过程中空间位置的变化情况，逐次改变选定的质点，就可以获得流场内部的运动情况。流体质点的空间位置 x、y 是独立变量 x_0、y_0 和 t 的函数，可以表示为

$$\begin{cases} x = x(x_0, y_0, t) \\ y = y(x_0, y_0, t) \end{cases} \tag{3.72}$$

式中，x_0 与 y_0 是初始位置；t 为时间变量。

根据速度的定义，求出速度函数为

$$\begin{cases} V_x = V_x(x_0, y_0, t) \approx \dfrac{x(x_0, y_0, t+\Delta t) - x(x_0, y_0, t)}{\mathrm{d}t} = \lim_{\Delta x \to 0} \dfrac{\Delta X}{\Delta t} \\ V_y = V_y(x_0, y_0, t) \approx \dfrac{y(x_0, y_0, t+\Delta t) - y(x_0, y_0, t)}{\mathrm{d}t} = \lim_{\Delta y \to 0} \dfrac{\Delta Y}{\Delta t} \end{cases} \tag{3.73}$$

式中，Δt 为时间的变化值；ΔX 为 Δt 时间内对应的 X 方向位移的变化量；ΔY 为 Δt 时间内对应的 Y 方向位移的变化量。

PIV 技术是拉格朗日法的一种具体实现。实验人员在流场中均匀散播跟随特性良好的示踪粒子，把示踪粒子作为流体质点进行研究，使用脉冲片光源照射或线光源扫描流场，用照相机或 CCD 设备以采样间隔 Δt 采集流场中示踪粒子的瞬时图像，通过测量某一粒子或粒子团的影像在两幅图像上的位置变化，并考虑图像与被测流场的几何比例系数，根据式（3.73）就可以计算出流场内部该示踪粒子处的流体质点在采样时刻的瞬时速度。对所有示踪粒子进行相同的处理，就得到流场在采样时刻的速度分布。式（3.73）中的约等号说明，PIV 技术是一种用平均速度代替瞬时速度的方法，在 Δt 足够小的前提下，实验结果能够很好地反映流场的瞬时运动状态。

3.2.1　图像灰度分布互相关法

粒子图像测速的关键是要从连续的两幅图像中找出匹配粒子对。图像灰度分布互相关法是目前最为流行的一种粒子匹配算法，该方法能够处理高密度粒子图像，多应用于二维，较难推广至三维。该方法的步骤是首先在第一幅图像中开设一查询窗口（interrogation windows），然后在第二幅图像的整个区域内搜寻与该查询窗口内的图像灰度分布最为相似的图像窗口，则该图像窗口中心与查询窗口中心之间的距离被认为是判读区域内粒子的平均位移。其实现过程为：取相继的两帧图像，在第一帧图像中设定查询窗口 f，在第二帧图像中设定查询窗口 g，对两者进行互相关计算，直到窗口 f 完全覆盖窗口 g，即对应的窗口 f 和窗口 g 完全匹

配，即可求出位移的大小，继而获得粒子的运动矢量。图 3.17 为基于灰度互相关法的原理图。

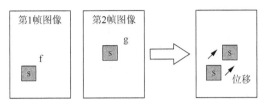

图 3.17　灰度互相关法原理图

假设粒子的空间位置 x、y 是独立变量 x_0、y_0、t 的函数，可表示为

$$\begin{cases} x = x(x_0, y_0, t) \\ y = y(x_0, y_0, t) \end{cases} \tag{3.74}$$

式中，x_0 与 y_0 是初始位置；t 为时间变量。根据速度的定义，可以由位置函数式（3.74）求出速度函数：

$$\begin{cases} V_x = V_x(x_0, y_0, t) \approx \dfrac{x(x_0, y_0, t + \Delta t) - x(x_0, y_0, t)}{\mathrm{d}t} \\ V_y = V_y(x_0, y_0, t) \approx \dfrac{y(x_0, y_0, t + \Delta t) - y(x_0, y_0, t)}{\mathrm{d}t} \end{cases} \tag{3.75}$$

灰度区域的互相关定义如下（Cheng et al., 2005；张明亮，2004；李静，2003；程文等，2001）：

$$C = \frac{\displaystyle\sum_{i=1}^{m}\sum_{j=1}^{n}\left(f_{i,j} \times g_{i,j}\right)}{\sqrt{\displaystyle\sum_{i=1}^{m}\sum_{j=1}^{n}f_{i,j}^2 \times \sum_{i=1}^{m}\sum_{j=1}^{n}g_{i,j}^2}} \tag{3.76}$$

式中，f 和 g 表示灰度；下标 i 和 j 是相匹配的数字图像查询窗口中的像素位置；m 和 n 是查询窗口的尺寸。灰度互相关法通过由大区域到小区域的重复查询，判断区域的局部平均灰度来评价图像的唯一相似性，从而计算得到粒子在连续帧的速度矢量（Cheng et al., 2005）。

这种方法计算量非常大，只能用理论说明，实际应用受到很大限制，因此需要引入傅里叶变换来实现快速计算。

3.2.2　傅里叶变换法

1. 傅里叶变换

设在整个实数轴上，$f(t)$ 是一个以 2π 为周期的函数，$f(t) = f(t + 2\pi)$ 且在区

间（$0, 2\pi$）平方可积，即 $\left(\dfrac{1}{2\pi} \displaystyle\int_0^{2\pi} \left| f(t) \right|^2 \mathrm{d}t \right)^{1/2} < \infty$，其中

$$\left| f(t) \right|^2 = f(t)\overline{f(t)} \tag{3.77}$$

也就是说，$f(t) \in L^2(0, 2\pi)$，它的傅里叶变换定义为 $F(u) = \displaystyle\int_{-\pi}^{+\pi} \mathrm{e}^{-\mathrm{j}ut} f(t)\mathrm{d}t$，其

逆变换为

$$F^{-1}(t) = \frac{1}{2\pi} \int_{-\pi}^{+\pi} \mathrm{e}^{\mathrm{j}ut} F(u)\mathrm{d}u \tag{3.78}$$

傅里叶级数为 $f(t) = \displaystyle\sum_{k=-\infty}^{+\infty} c_k \mathrm{e}^{\mathrm{j}kt}$，其中傅里叶展开的系数为 $c_k = \dfrac{1}{2\pi} F(k)$。

可见傅里叶变换是把函数 $f(t)$ 分解成许多不同频率的正弦函数之和。如果信号 $f(t)$ 不是一个周期函数，那么它的傅里叶变换将是频率的一个连续函数，可以用全部频率的正弦函数之和来表示，也就是说，其结果是把所有的频率都考虑进去，因此傅里叶变换可以看作是时间函数在频率域上的表示。事实上，傅里叶变换频率域包含的信息和原来函数所包含的信息完全相同，不同的仅是信息的表示方法，使人们可以从变换分析的角度研究一个函数。更一般的，在全实数轴上将 $f(t)$ 的傅里叶变换定义为 $F(u) = \displaystyle\int_{-\infty}^{+\infty} \mathrm{e}^{-\mathrm{j}ut} f(t)\mathrm{d}t$，逆变换定义为

$$F^{-1}(t) = \frac{1}{2\pi} \int_{-\infty}^{+\infty} \mathrm{e}^{\mathrm{j}ut} F(u)\mathrm{d}u \tag{3.79}$$

频谱 $F(u)$ 由任一时刻时域信号 $f(t)$ 在积分区间（$-\infty, +\infty$）的值决定，$f(t)$ 与 $F(u)$ 之间是整体对应描述，不能反映局部区域上的特征。不难将一维傅里叶变换推广到二维，设二元函数 $f(x, y)$ 具有有限个极值点和间断点，绝对可积，其傅里叶变换定义为

$$F(u, v) = \int_{-\infty}^{+\infty} \int_{-\infty}^{+\infty} f(x, y) \exp\left\{ -\mathrm{j}2\pi(ux + vy) \right\} \mathrm{d}x\mathrm{d}y \tag{3.80}$$

其逆变换为

$$f(x, y) = \int_{-\infty}^{+\infty} \int_{-\infty}^{+\infty} F(u, v) \exp\left\{ \mathrm{j}2\pi(ux + vy) \right\} \mathrm{d}u\mathrm{d}v \tag{3.81}$$

2. 离散傅里叶变换

为了计算傅里叶变换，就需要进行数值积分，即取 $f(t)$ 在 IR 上的散点值来计算积分。通常在实际应用中信号 $f(t)$ 以离散形式给出。设 $f(t)$ 由采样得到，考虑周期性，则离散傅里叶变换为

$$F(u) = \frac{1}{N} \sum_{t=0}^{N-1} f(t) \exp\left\{\frac{-\mathrm{j}2\pi ut}{N}\right\} \tag{3.82}$$

其逆变换为

$$f(t) = \frac{1}{N} \sum_{u=0}^{N-1} F(u) \exp\left\{\frac{\mathrm{j}2\pi ut}{N}\right\} \tag{3.83}$$

这个计算共需 N^2 次乘法和加法运算。

对于二维离散函数 $f(x,y)$，它的离散傅里叶变换定义为

$$F(u,v) = \frac{1}{N} \sum_{x=0}^{N-1} \sum_{y=0}^{N-1} f(x,y) \exp\left\{\frac{-\mathrm{j}2\pi(ux+vy)}{N}\right\}, \quad u,v=0,1,2,\cdots,N-1 \tag{3.84}$$

其傅里叶逆变换为

$$f(x,y) = \frac{1}{N} \sum_{u=0}^{N-1} \sum_{v=0}^{N-1} F(u,v) \exp\left\{\frac{\mathrm{j}2\pi(ux+vy)}{N}\right\}, \quad x,y=0,1,2,\cdots,N-1 \tag{3.85}$$

3. 窗口傅里叶变换

在许多应用中，给定一个信号 $f(t)$（假定 t 是一个连续变量），人们最感兴趣的问题是局部时间信号的频率含量。信号 $f(t)$ 的傅里叶变换 $F(u) = \int_{-\infty}^{+\infty} f(t) \exp\{-\mathrm{j}2\pi ut\}\,\mathrm{d}t$

就是给出了信号 $f(t)$ 频率含量的一种表示，但是不能很容易地由 $F(u)$ 得到关于高频脉冲时间定位的信息，尤其是对一些频域特性随时间变化的非稳定信号，用傅里叶变换进行分析不能提供完全的信息，也就是说，对这类信号进行傅里叶变换以后，虽然可以知道信号所含有的频率信息，但不能知道这些频率信息究竟出现在哪些时间段上。为了提取信号傅里叶变换的局部信息，Garbor 引入了一个时间局部化窗函数 $w(t-b)$，其中参数 b 用于平行移动窗口以便覆盖整个时域（崔锦泰，1995）。实际上 Garbor 使用了一个高斯函数作为窗函数，因为一个高斯函数的傅里叶变换仍然是一个高斯函数，所以傅里叶逆变换也是局部的。

设函数 $w(t) \in L^2(\mathrm{IR})$，并且有 $tw(t) \in L^2(\mathrm{IR})$，则称 $w(t)$ 是一个窗函数（程正兴，1998）。窗函数 $w(t)$ 的中心为

$$t^* = \frac{1}{\|w\|_2^2} \int_{-\infty}^{+\infty} t \cdot |w(t)|^2 \, \mathrm{d}t \tag{3.86}$$

窗半径为

$$\varDelta_w = \frac{1}{\|w\|_2} \left\{ \int_{-\infty}^{+\infty} \left(t - t^*\right) \cdot |w(t)|^2 \, \mathrm{d}t \right\}^{1/2} \tag{3.87}$$

宽度为 $2\varDelta_w$，其中范数为

$$\|w\|_2 = \left\{ \int_{-\infty}^{+\infty} |w(t)|^2 \, \mathrm{d}t \right\}^{1/2} \tag{3.88}$$

取函数 $f(t)$ 的定位切片 $f(t)\overline{w(t-b)}$ 的傅里叶变换为

$$F_b(u) = \int_{-\infty}^{+\infty} \exp\{-\mathrm{j}ut\} \cdot f(t)\overline{w(t-b)} \, \mathrm{d}t \tag{3.89}$$

将其称为窗口傅里叶变换。其中 $\overline{w(t)}$ 表示函数的复共轭；b 是定位参数，是时间-频率局部化的一种标准技术，即 $F_b(u)$ 在 $t=b$ 的周围使 $f(t)$ 的傅里叶变换局部化。窗口傅里叶变换也可以表示成内积的形式，如果设 $W_{u,b}(t) = \exp\{\mathrm{j}ut\} \cdot w(t-b)$ 是具有两个指标的函数族，则有

$$F_b(u) = \int_{-\infty}^{+\infty} f(t) \cdot \overline{W_{u,b}(t)} \, \mathrm{d}t = \langle f, W_{u,b} \rangle \tag{3.90}$$

$F_b(u)$ 给出了函数 $f(t)$ 在时间窗 $\left[t^* + b - \varDelta_w, t^* + b + \varDelta_w\right]$ 中的局部信息（这时窗中心在 $t^* + b$）。Garbor 选取时间局部化"最优"窗，用任一个高斯函数

$$w_a(t) = \frac{1}{2\sqrt{\pi a}} \exp\left\{-\frac{t^2}{4a}\right\} \tag{3.91}$$

作为窗函数来提取信号的局部信息，其中 $a>0$ 是定值。这种窗口傅里叶变换也称为"Garbor 变换"。

在实际应用中更常用的是窗口傅里叶变换的离散形式。定位参数 b 和 u 取等间隔的值，令 $b = nb_0$，$u = mu_0$，m 和 n 是整数，并且 $b_0 > 0$，$u_0 > 0$ 是固定的，这时函数 $f(t)$ 的窗口傅里叶变换为

$$F_{m,n}(f) = \int_{-\infty}^{+\infty} \exp\{-\mathrm{j}mu_0 t\} \cdot f(t) \cdot \overline{w(t-nb_0)} \, \mathrm{d}t \tag{3.92}$$

窗口傅里叶变换的时频域尺度率是由窗函数的时频域窗口大小直接决定的，一旦选定了窗函数，则时频域的尺度率也就随之确定了，并且它不随频率 u 和时

间 t 而改变。由测不准原理可知，对同一个窗函数，时频域的尺度率是互相关联的，一方的减小势必引起另一方的增大，不可能同时减小。为了适应不同场合的应用，人们构造了多种形式的窗函数，如矩形窗、汉明窗等（彭玉华，2002），并将这类加窗的傅里叶变换统称为短时傅里叶变换（short time Fourier transform，STFT）。虽然窗口傅里叶变换可以获取局部信息，但是也有一定的局限性。从图 3.18 中可以很清楚地看到，窗口傅里叶变换中所有的 $W_{u,b}(t)$ 不管频率 u 值的大小，都具有同样的（时间）宽度。对于非稳定信号来说，也许某一短时间段上是以高频信息为主，期望用一个小一点的时间窗进行分析，而在紧接着的一个长时间段上是一些低频信息，期望用一个大一点时间窗进行分析，因此对一个时变的非稳定信号很难找到一个"好的"时间窗口来适应各个时间段，这是窗口傅里叶变换的不足之处。

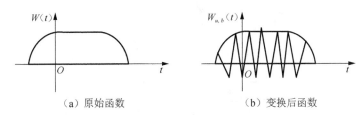

（a）原始函数　　　　　　　　　（b）变换后函数

图 3.18　窗口傅里叶变换函数 $W_{u,b}(t)$ 的形状

4. 快速傅里叶变换

快速傅里叶变换（fast Fourier translation，FFT）是实现 PIV 快速相关算法中最为广泛的一种方法。该方法将图像看作随时间变化的离散二维信号场序列，利用信号分析的方法，通过引入 FFT 计算相继两幅图像中相应位置处两查询窗口的互相关函数得到查询区域中各粒子的平均位移（何旭等，2003；孙鹤泉等，2002）。

相继两幅图像中对于同一位置处两相同尺寸的采样窗口 $f(m,n)$ 和 $g(m,n)$，$g(m,n)$ 可以看作是 $f(m,n)$ 经线性转换后叠加以噪声而成，若忽略噪声的影响，则 $g(m,n)$ 具有如下数学描述（许联锋，2004；禹明忠，2002）：

$$g(m,n) = f(m,n) \times s(m,n) \tag{3.93}$$

式中，$s(m,n)$ 为位移函数。由卷积定理可得

$$S(\mu,\nu) = \frac{F^*(\mu,\nu)G(\mu,\nu)}{|F(\mu,\nu)|} \tag{3.94}$$

式中，$F(\mu,\nu)$ 和 $G(\mu,\nu)$ 分别是由 $f(m,n)$ 和 $g(m,n)$ 经傅里叶变换得到；$S(\mu,\nu)$ 是 $s(m,n)$ 的傅里叶变换；$F^*(\mu,\nu)$ 为 $F(\mu,\nu)$ 的复共轭。由于 $|F(\mu,\nu)|$ 仅影响 $S(\mu,\nu)$ 的大小，式（3.94）可以简化为

$$\Phi(\mu,v) = F^*(\mu,v)G(\mu,v) \tag{3.95}$$

对 $\Phi(\mu,v)$ 作傅里叶逆变换得到 $\varphi(m,n)$，$\varphi(m,n)$ 即为互相关平面（图 3.19）。检测 $\varphi(m,n)$ 的峰值位置，则该位置离开查询窗口中心的距离即为窗口内粒子的平均位移。基于快速傅里叶变换的灰度分布互相关算法示意图如图 3.20 所示。

图 3.19　典型互相关平面

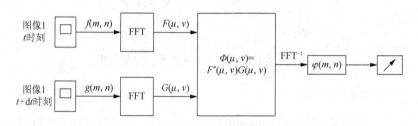

图 3.20　基于快速傅里叶变换的灰度分布互相关算法示意图

3.2.3　BICC 算法

二值图像互相关（binary image cross correlation，BICC）算法（阮晓东等，1998）是从连续的两帧二值化图像中，根据粒子模式相关系数的大小来找到配对粒子，从而计算出粒子的运动位移。BICC 算法只需测定粒子中心坐标，与真实粒子的形状、颜色和大小无关，可应用于实时测量。

BICC 算法原理就是假定获取连续两帧粒子图像的时间间隔 Δt 一定且足够短，且被测流体的运动速度在时间和空间上没有剧烈突变。采用 BICC 算法的目的是识别第一帧图像（t 时刻）上每一粒子在第二帧图像（$t+\Delta t$ 时刻）上的位置，过程如下。

（1）设被测流体的最大流速为 U_m，第一帧图像（F^1）上某一个被识别粒子 i 在 Δt 时间内最大运动距离 T_m 为 $U_m\Delta t$，则粒子 i 在第二帧图像（F^2）上的位置必然在以 i 点为圆心，T_m 为半径的圆内，如图 3.21 所示。也就是说，在 F^2 上识别区

域内的粒子 j_k（$k=1$，2，$\cdots$，n）都为 i 所要配对的候选粒子，其中 n 为候选粒子的数目。

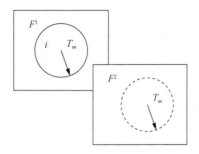

图 3.21　粒子 i 的识别半径 T_m

（2）在候选粒子中任取一个粒子 j_m，分别以粒子 i 和 j_m 的中心为圆心，R 为半径，在 F^1 和 F^2 上建立识别模式 I 和 J_m。矢量 X_i 和 Y_{jm} 分别表示 I 和 J_m 的中心坐标。将模式 J_m 平移，使得 I 和 J_m 重合，位移矢量 $S = Y_{jm} - X_i$，$\left|S\right| < T_m$，如图 3.22 所示。

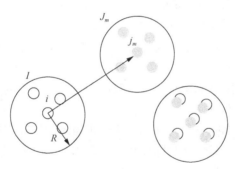

图 3.22　模式匹配

（3）模式 I 和 J_m 的相关系数定义为

$$C_{i,jm} = \frac{\iint f_I(x,y) f_{Jm}(x+p, y+q) \mathrm{d}x\mathrm{d}y}{\iint f_I^2 \mathrm{d}x\mathrm{d}y \iint f_{Jm}^2 \mathrm{d}x\mathrm{d}y} \tag{3.96}$$

式中，f_I 和 f_{Jm} 分别表示模式 I 和 J_m 的特征函数；p 和 q 分别表示粒子 i 和 j_m 的中心距离在 X 和 Y 轴的投影。经推导 $C_{i,jm}$ 的计算公式为

$$C_{i,jm} = \frac{2\sum_{k=1}^{N}\left(\cos^{-1}s_k - s_k\sqrt{1-s_k^2}\right)}{\pi\sqrt{N_i N_{jm}}} \tag{3.97}$$

式中，N 为重选的粒子数；N_i 表示 I 中除 i 外的粒子数；N_{jm} 表示 J 中除 j_m 外的粒

子数；$S_k=d_k/r$，其中 r 为粒子的假想半径，d_k 表示第 k 个重迭粒子对中心距离的一半。

（4）计算所有候选粒子 j_m 与粒子 i 的相关系数 $C_{i,jm}$（$m=1, 2, \cdots, n$），使 $C_{i,jm}$ 取得最大值的候选粒子即为 i 所要识别的粒子。

（5）计算 F^1 上粒子 i 和其在 F^2 上的配对粒子间的运动距离 ΔL，则粒子的运动速度为

$$v = \frac{\Delta L}{\Delta t} \tag{3.98}$$

这就是该粒子所在点流体的运动速度。

在 BICC 算法中，粒子图像的半径 r 和模式中的粒子数目 n 是两个重要的参数，它们影响着相关系数的分布情况和粒子像对的正确分布。BICC 算法可以实现流场的实时测量，但是仅适用于低粒子密度流场的测量。

3.2.4 RCC-PIV 法

回归互相关 PIV（recursive cross correlation PIV，RCC-PIV）法（Cheng et al., 2005）源自基于局部图像互相关的 PIV 技术。在以前，由于一些困难，气泡特性的定量显像不能很好地被描绘。实际上，以前的 PIV 技术不能获得准确的气泡速度场，总结原因有以下三点。

（1）随着局部空隙率的增加，单个气泡图像的重叠变得非常严重，这使得瞬时捕捉单个气泡变得不可能。

（2）气泡本身引起固有的，独立于连续相流场的运动，如曲折或螺旋运动。

（3）气泡对光的散射特性与固体粒子完全不同。气泡不稳定的变形在图像投影上引起无规律的闪烁和复杂的外部运动。

以上三点降低了两个查询区域的互相关系数。实际上，所有的影响因素在实验时同时发生。故而，如果在紊流气泡羽流中应用未修正的 PIV 技术，错误的气泡速度向量就会频繁出现。最新提出的技术就是由空间比状态划分，多次应用互相关技术。一旦测定了局部平均空隙分布的对流速度场，也就是空隙速度，接下来在高分辨率的查询区域捕获单个气泡或气泡群。这个原理称为单相流 PIV 回归互相关算法。

在 RCC-PIV 法中，气泡速度矢量通过查找局部灰度分布相关的峰值获得。相关定义如下：

$$C = \frac{\sum\limits_{i=1}^{M}\sum\limits_{j=1}^{N}\left(f_{i,j} \times g_{i,j}\right)}{\sqrt{\sum\limits_{i=1}^{M}\sum\limits_{j=1}^{N}f_{i,j}^2 \times \sum\limits_{i=1}^{M}\sum\limits_{j=1}^{N}g_{i,j}^2}} \tag{3.99}$$

式中，f 和 g 表示灰度；下标 i 和 j 是相匹配的数字化图像位置；M 和 N 是查询区域的尺寸。

式（3.99）中使用的灰度通常要减去在每一个查询区域的局部平均灰度来评价两个图像的唯一相似性。对于气泡流动图像，由于气泡分布的不均匀，减去局部平均灰度以避免匹配偏差是必需的。回归互相关算法通过从大查询区域到小查询区域重复由式（3.99）计算实现。这种处理可以减轻计算的负担和在最终的计算结果中增加空间数据输出密度。使用回归互相关来处理气泡流动图像的特别优势在于以下两点。

（1）初始阶段，在相对大的查询区域提取速度不会因气泡固有的运动、无规律的气泡散射光和气泡重叠恶化。因此，影响后绪阶段的致命错误在初始阶段大部分就没有了。

（2）在确定的小区域，单个气泡速度或局部速度在最终阶段能顺利获得。

基于这两个优点，可以直接从数据中得到任意空间分辨率的气泡速度场。水平对流速度和单个气泡速度等很容易被归类来讨论分散相多相流流体动力学的本质特性。

3.3　气相流场数据后处理

3.3.1　亚像素拟合

如果计算仅到此为止，则所获得的粒子位移均为整数值，也就是说系统对小于一个像素的位移不响应，因此系统的位移动态范围限制在整像素这一狭窄的范围内，而且得到的位移值皆为整数，这对于实际应用显然是不够的。很明显，由离散相关函数给出的最大相关峰位置与相关平面内真正的最大相关峰位置之间存在 ±0.5 像素的误差，以典型查询窗口 32×32 像素为例，建议最大粒子位移不超过查询窗口的 1/4，也就是 8 像素，这样将会产生 ±6% 的误差。为提高 PIV 的精度，需要准确定位最大相关峰的位置，即需要对其进行亚像素拟合（许联锋，2004；李静，2003；Jonas，1999）。

一般示踪粒子成像时亮度的分布为高斯分布（Westerweel et al.，1991），可认为互相关峰在连续情况下也是按高斯分布的，因此采用高斯曲线拟合最大相关峰值。亚像素拟合示意图见图 3.23。

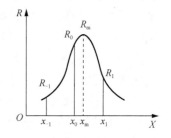

图 3.23　亚像素拟合示意图

互相关峰高斯分布在 x 方向的通式为

$$R = A\exp[-(x - x_{\mathrm{m}})^2 / 2\delta^2] \tag{3.100}$$

式中，A、δ 为待定系数；x_m 为最大相关峰的在 x 方向精确定位。将 (x_{-1}, R_{-1})、(x_0, R_0) 和 (x_1, R_1) 三点代入方程（3.100）可求得 A、δ 和 x_m，其中 $x_{-1} = x_0 - 1$，$x_1 = x_0 + 1$，x_m 为

$$x_m = x_0 + \frac{\ln R_{(x_0-1, y_0)} - \ln R_{(x_0+1, y_0)}}{2(\ln R_{(x_0-1, y_0)} + \ln R_{(x_0+1, y_0)} - 2\ln R_{(x_0, y_0)})} \tag{3.101}$$

式中，$R_{(x_0, y_0)}$ 是 (x_0, y_0) 的互相关值。在相关峰所在像素点的横向、纵向、斜向（分母中的 2 改为 $2\sqrt{2}$）进行拟合，Y 方向同理实现，最终确定的即为相关峰（位移）的精确位置。

3.3.2　错误矢量去除

1. 错误矢量产生的原因及减少措施

在粒子图像测速相关法中，即使图像的采集和处理过程尽可能完善，最大相关峰不是对应真实位移的可能性仍然存在，因此产生了一些与真实位移矢量有较大误差的位移矢量，称这些位移矢量为错误矢量。错误矢量的识别成为 PIV 技术中的一项重要研究内容。错误矢量的产生原因归纳起来主要与以下三点有关。

（1）粒子图像本身（任岩等，2005）。在粒子图像成像过程中，光学系统的失真、相对运动、大气流动等都会使图像模糊，影像设备中各个电子器件的随机扰动不可避免地会带来噪声，电子噪声的产生所带来的虚假粒子配对降低了粒子对应的可靠性。在粒子图像中，认为粒子成像点、成像中心和粒子点三点成一线，但由于研究对象的壁面与流体介质的折射率不同，使得成像点与实际对应的粒子点有一定的位置误差。在粒子图像中，由于局部低粒子图像密度使查询窗口内包含的有效粒子数降低，粒子匹配性能的降低较易出现错误矢量。

（2）粒子图像测速算法。例如，奈奎斯特采样定理决定了基于快速傅里叶变换的灰度相关算法所能检测到的粒子最大位移只能达到查询窗口的一半，但由于实际图像不可避免地受到噪声的影响，这种方法所能检测到的粒子最大位移只能达到诊断窗口的 1/3。为获得较高的有效数据率，Adrain 建议最大粒子位移不要超过查询窗口的 25%，但是当实际流场局部位移超过该粒子图像测速算法的有效最大测速位移时，将会出现错误矢量（Keane et al., 1992）。

（3）相关域大小的影响（王灿星，2001）。在 PIV 相关法中，当粒子进行对应时，参考粒子和候补粒子要确定一个相关区域，这个相关区域的大小直接影响粒子对应率及其可靠性。当相关域太大时，粒子的分布模型比较复杂，模型分布的相似性难以保证，降低了粒子对应率；当相关域太小时，区域内的粒子数太少，粒子分布模型相似的可靠性降低，错误矢量增多。

减少错误矢量的出现可采用的方法有如下几种（任岩，2005）。

（1）尽量增加信噪比。可采用的方法有：在不影响流动的前提下，尽可能采用大粒径粒子；各种粒子在不同方向上的光反射特性不同，因此在流场测量时，照明光的方向与接收光的方向应成一定的最佳角度，尽量减少背景的光反射强度，采用大功率的激光；另外还可以在图像处理时采用过滤的方法，将背景噪声降低到最低限度；对于介质产生的误差，通过减少壁厚，选择适当大小的研究区域等。

（2）采用新的快速测速算法，该算法的有效检测位移应大于所测流场中的最大位移。

（3）查询区域大小的确定依据为区域内的粒子数，当区域内的粒子数为 8~15 个时，证明在此范围内其对应率高，可靠性强。

2.　错误矢量的识别

对错误矢量的识别比较困难，目前一般采用以下几种方法（陈德新等，2005）。

（1）根据相关系数的大小进行识别。如果相关系数小于某一阈值（阈值的选择根据研究对象及研究方法的不同而不同）则视为错误矢量。但研究表明：相关系数小于阈值的速度矢量不一定就是错误矢量，即真正的错误矢量，其相关系数不一定很小。

（2）根据流动常识与流场中的速度矢量分布状态进行识别。那些在方向、大小上有明显差异的个别矢量（例如，主流中的各别点为逆流），则一定是错误矢量，但这种方法对于有漩涡存在流场的错误矢量无法识别。

（3）基于模糊决策的错误矢量识别方法。但此方法识别规则的建立比较困难。

（4）利用神经网络中的 Hopfield 网进行错误矢量的识别。这种方法的缺点是需要对错误矢量影响因素的权重进行反复的训练，判别权重的构造过程比较复杂。

有学者提出了一个统计模式来描述 PIV 数据中错误矢量的出现率，这一统计模式被用来研究和优化局部中值检验、全局平均检验和局部平均检验这三个错误矢量检验方法（Jonas et al.，1999；Westerweel et al.，1994，1993）。研究表明：传统的由可检测性（定义为互相关平面最大相关峰与次大相关峰的比值）来确定位移矢量的可靠性较低。局部中值检验将每一个位移矢量与局部该矢量相邻近矢量的中值比较，如果该位移矢量与其局部中值的偏差超过允许值，则认为该位移矢量是错误矢量。全局平均检验类似于定义相关平面位移的允许范围，仅能挑选出不太可能的矢量。局部平均检验类似于局部中值检验，但是局部平均值对邻近错误矢量的敏感度比局部中值要高，效果不是很好。对比上述三个错误矢量检验方法，发现局部中值检验效果最佳。

局部中值检验根据流体运动的连续性特征来进行误差判别，由于流体质点的运动总是与其空间某一邻域内的流体质点具有很大的相似性，可利用相邻矢量的大小来对流场矢量真伪进行判别。

局部中值检验的步骤为：局部位移中值(r_{med}, s_{med})是该矢量自身和另外 8 个相邻的位移矢量 x 和 y 方向位移矢量分量的中值，如果相邻近的位移矢量不存在，举例来说在图像的边缘或由先前局部中值检验到确定为无效的位移矢量，则此邻近矢量排除于中值的计算。如果被检测位移矢量的 x 或 y 分量与对应局部中值分量的偏差超过规定允许值 ε，即

$$\left| r_p - r_{med} \right| > \varepsilon \text{ 或 } \left| s_p - s_{med} \right| > \varepsilon \tag{3.102}$$

则该位移矢量视为错误矢量而不被接受，接下来检查互相关平面下一个最大相关峰对应的位移矢量直到找到正确的位移矢量，或是 4 个预备的可选矢量没有一个通过检验，则该矢量标记为"无效"。中值允许偏差 ε（单位为像素）是计算之前规定的值，对于整个矢量场都是相同的，大部分的流动情况发现偏差允许值为±2 像素，如果流动的分辨率很好的话还可以使用更小的值。Raffel（1998）提出使用 ε 的局部适应值，其计算公式为

$$\varepsilon = C_1 + C_2 \sigma(k, l) \tag{3.103}$$

式中，C_1 和 C_2 为常数；σ 是基于局部 8 个邻近位移的平均平方根值，显然由于包含的数据量少，平均平方根值的不确定性很高，但是当流动中出现由压力振动等引起的较大梯度时，ε 的局部适应值是有效的。

3. 错误矢量的修正

重复局部中值检验几次（典型取三次）可以提高其检测错误矢量的性能，通过每次检测可以去除并修正错误矢量，因此下一次取中值更可靠（杨立新等，2007；王微微，2006）。为增加可靠性，无效的矢量由每次检测后相邻近矢量的平均值代替，也就是填充矢量场的"洞"，其修正过程可由类高斯过滤影响函数来完成。对于邻近边界或其他无效矢量可以通过修改影响函数来排除不存在的矢量。高斯过滤影响系数为

$$J_c = \frac{1}{12} \begin{bmatrix} 1 & 2 & 1 \\ 2 & 0 & 2 \\ 1 & 2 & 1 \end{bmatrix} \tag{3.104}$$

如果部分图像的边界与固体边壁重合，可以应用在边壁处速度为零这一特点，在错误矢量后处理算法中扩充位移矩阵一行或一列零向量，这个策略可以提高靠近边壁处位移矢量后处理的可靠性。

3.3.3　4 帧粒子跟踪测速算法

1.　速度场获取

4 帧粒子跟踪测速法的原理是基于判断粒子轨迹的光滑程度，通过计算连续时间内 4 帧图像中所追踪粒子的方向与位移的轨迹方差的大小来估计粒子的运动轨迹，从而获得粒子的速度矢量（张明亮等，2004；Wang，1998）。

4 帧粒子跟踪测速法的原理示意图见图 3.24。设第 1 帧图像中的粒子 x_i 为跟踪计算的起点，以 x_i 为中心，按粒子的最大估计速度 U_m 和两帧图像的时间间隔 Δt 在第 2 帧图像中设定搜索区域 S_1。此时，以 S_1 为半径的圆内的所有粒子图像都可能是 x_i 的像。第 3 帧的搜索区域中心可由第 2 帧中确定的轨迹直线外延获得。第 4 帧的搜索区域中心同理。第 3 帧和第 4 帧图像中的搜索区域可按照第 2 帧图像中的搜索区域 S_1 等比扩大，一般 $S_1 > S_2 > S_3$。对 4 帧图像进行这样的搜索后，目标粒子 x_i 就形成了数个候选的轨迹，再通过统计排除法选定正确的轨迹。对于 x_i 的候选轨迹，可以通过计算总方差 σ_t 得到。

长度方差为

$$\sigma_l = \sqrt{\frac{1}{3}\left[\left|d_{ij} - d_m\right|^2 + \left|d_{jk} - d_m\right|^2 + \left|d_{kl} - d_m\right|^2\right]} \quad (3.105)$$

角度方差为

$$\sigma_\theta = \sqrt{\frac{1}{2}\left[\left|\theta_{jk} - \theta_m\right|^2 + \left|\theta_{jl} - \theta_m\right|^2\right]} \quad (3.106)$$

总方差为

$$\sigma_t = \sqrt{\frac{\sigma_l^2}{d_m^2} + \sigma_\theta^2} \quad (3.107)$$

其中

$$d_m = \frac{1}{3}\left(d_{ij} + d_{jk} + d_{kl}\right), \quad \theta_m = \frac{1}{2}\left(\theta_{jk} + \theta_{jl}\right) \quad (3.108)$$

式中，i、j、k、l 分别表示所选的四个粒子；d_{ij}、d_{jk}、d_{kl} 为粒子 i 与 j、j 与 k、k 与 l 之间的距离；θ_{ij}、θ_{jk}、θ_{kl} 为粒子 i 与 j、j 与 k、k 与 1 之间的角度。对待选轨迹分布计算其总方差 σ_t，则方差最小的轨迹上的 4 个点 x_i、x_j、x_k 和 x_l 可以认为是同一粒子在时间连续 4 帧中的像。这 4 个点所形成的轨迹即为目标粒子 x_i 的正确轨迹。

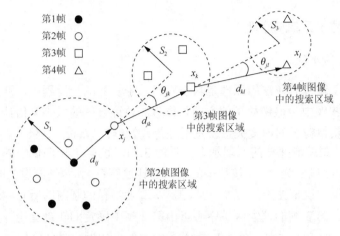

图 3.24　4 帧粒子跟踪测速法原理示意图

　　由此，可以获得时间间隔为 Δt 的相继两帧图像中粒子的坐标位置，位移除以时间间隔即得粒子的速度。

　　结合图 2.1，设粒子形心的空间位置 x、y 是独立变量 x_0、y_0 和 t 的函数，可表示为

$$\begin{cases} x = x(x_0, y_0, t) \\ y = y(x_0, y_0, t) \end{cases} \tag{3.109}$$

式中，x_0 与 y_0 是初始位置；t 为时间变量。根据速度的定义，可以由位置函数式（3.109）求出速度函数：

$$\begin{cases} V_x = V_x(x_0, y_0, t) \approx \dfrac{x(x_0, y_0, t + \Delta t) - x(x_0, y_0, t)}{\mathrm{d}t} \\ V_y = V_y(x_0, y_0, t) \approx \dfrac{y(x_0, y_0, t + \Delta t) - y(x_0, y_0, t)}{\mathrm{d}t} \end{cases} \tag{3.110}$$

　　由 4 帧粒子跟踪测速法得到粒子的位移，粒子的速度可由式（3.110）计算得到：

$$\begin{cases} u(x, y) = \dfrac{S_x \times k}{\mathrm{d}t} \\ v(x, y) = \dfrac{S_y \times k}{\mathrm{d}t} \end{cases} \tag{3.111}$$

式中，S_x、S_y 是粒子位移；k 是比例尺，即单位像素对应的实际长度，由实验中事先标定；$\mathrm{d}t$ 是时间间隔，由高速摄像机每秒拍摄的帧数决定。图 3.25 为基于 4 帧粒子跟踪测速法对图像处理和速度场获取的流程。

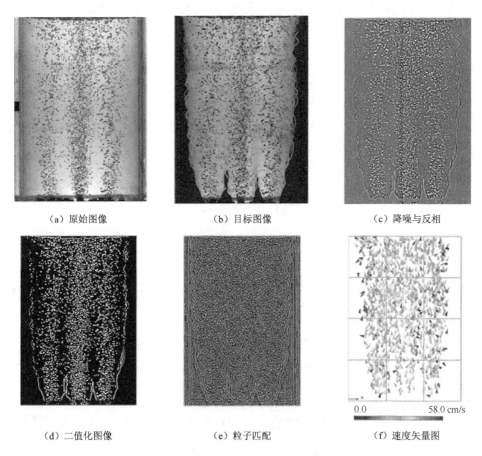

（a）原始图像　　　　　　　　（b）目标图像　　　　　　　　（c）降噪与反相

（d）二值化图像　　　　　　　（e）粒子匹配　　　　　　　　（f）速度矢量图

图 3.25　图像处理及速度场获取流程图

2. 误矢量去除

在速度场计算过程中，粒子在匹配时不可避免地会出现轨迹位置错位，从而产生一些误配矢量，因此在得到最终的速度矢量之前，需要去除这些误配矢量，并对错误矢量去除后留下的空洞区域或矢量分布系数区域进行插值显示（Zhou et al.，2008；Qu et al.，2004；张东衡，2006），方法如下。

1）去除过程

将某个速度矢量 (u_p, v_p) 与其相邻域内的矢量和的中间值 v_{med} 进行比较：

$$\left| u_p - v_{med} \right| > \varepsilon, \quad \left| v_p - v_{med} \right| > \varepsilon \tag{3.112}$$

式中，u_p、v_p 分别为 x、y 方向上的速度。

通常情况下，误差 ε 可以事先设定。例如，$\varepsilon = 2$ 像素，若某个矢量满足式（3.112），则去除该矢量。但由于气液两相流场的复杂性，研究中一般采用自适应误差，即

$$\varepsilon = C_1 + C_2\sigma(k,l) \tag{3.113}$$

式中，C_1 和 C_2 为常数；σ 为流场矢量场的局部误差。

2）矢量场插值和平滑

采用高斯窗口插值法进行矢量场插值，通过随机位置 $M_r(x_r, y_r)$ 的速度矢量分量 f_r，计算插值点 $M(x,y)$ 的速度矢量分量：

$$g(x,y) = \frac{\sum\limits_{i=1}^{n} \alpha_i f_i}{\sum\limits_{i=1}^{n} \alpha_i} \tag{3.114}$$

式中，$\alpha_i = \exp\left(-\frac{\left[(x-x_r)^2 + (y-y_r)^2\right]^{\frac{1}{2}}}{1.24\delta}\right)\delta\sum\limits_{i=1}^{n}\frac{MM_r}{N}, r = 1,2,3,\cdots$；$x$、$y$ 分别为插值点处的速度矢量分量；x_r、y_r 分别为随机位置的速度矢量分量。

对于湍流流场，为了使去除误矢量后的速度场中的误矢量更少，应对矢量场中的待选矢量进行卷积运算：

$$V_{\text{smooth}}(x,y) = \iint G(x-r, y-s)V(r,s)\mathrm{d}r\mathrm{d}s \tag{3.115}$$

式中，$G(x,y) = \dfrac{\exp\left[-8(x^2+y^2)/d_v^2\right]}{\iint \exp\left[-8(x^2+y^2)/d_v^2\right]\mathrm{d}x\mathrm{d}y}$；$V$ 表示随机位置的速度矢量。

将式（3.115）转换为离散表达式，其中 3×3 的高斯函数为

$$G = \frac{1}{(2+a)^2}\begin{pmatrix} 1 & a & 1 \\ a & a^2 & a \\ 1 & a & 1 \end{pmatrix} \tag{3.116}$$

式中，$a = \exp(8/d_v^2)$，其决定了平滑滤波器的平滑度，可通过调节 a 值来改变显示效果。

通过误矢量去除的最终矢量场如图 3.26（b）所示。

其他运动参数的获取还包括速度场的获取、流线的获取、涡量场获取、时均流速及紊动强度获取等，具体公式见 2.4 节。

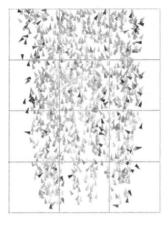 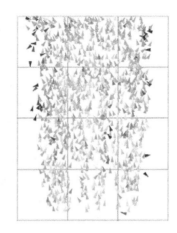

（a）处理前矢量场　　　　　　　　　（b）处理后矢量场

图 3.26　误矢量去除前后对比图

参 考 文 献

边肇祺, 张学工, 2000. 模式识别[M]. 北京: 清华大学出版社.

陈德新, 任岩, 2005. 流动图像错误速度矢量的识别与评价[J]. 华北水利水电学院学报, 26(1): 45-47.

程文, 宋策, 周孝德, 2001. 曝气池中气液两相流的数值模拟与实验研究[J]. 水利学报, 6(12): 32-35.

程正兴, 1998. 小波分析算法与应用[M]. 西安: 西安交通大学出版社.

崔锦泰, 1995. 小波分析导论[M]. 程正兴, 译. 西安: 西安交通大学出版社.

高新波, 2004. 模糊聚类分析及其应用[M]. 西安: 西安电子科技大学出版社.

龚声蓉, 刘纯, 王强, 2006. 数字图像处理与分析[M]. 北京: 清华大学出版社.

谷口庆治, 2002. 数字图像处理——基础篇[M]. 朱虹, 廖学成, 乐静, 译. 北京: 科学出版社.

何斌, 马天予, 王运坚, 2001. Visual C++数字图像处理[M]. 北京: 人民邮电出版社.

何斌, 马天予, 王运坚, 等, 2002. Visual C++数字图像处理[M]. 北京: 人民邮电出版社.

何仁芳, 王乘, 杨文兵, 2003. 基于混沌遗传算法的图像匹配[J]. 红外与激光工程, 32(1): 13-16.

何旭, 高希彦, 梁桂华, 等, 2003. 基于互相关算法的粒子图像测速技术[J]. 大连理工大学学报, 43(2): 164-167.

赫荣威, 1988. 图像变换和图像质量改善[M]. 北京: 北京师范大学出版社.

金上海, 2003. PIV 技术的算法研究[D]. 西安: 西安理工大学.

金俞鑫, 2011. 气液两相流中多气泡图像处理及匹配方法研究[D]. 天津: 天津大学.

李洪伟, 2012. 基于数字图像处理技术的气液两相流型识别与演化规律研究[D]. 北京: 华北电力大学.

李静, 2003. 氢气泡数字粒子图像测速技术[D]. 武汉: 武汉理工大学.

刘磊, 周芳德, 1994. 气液两相流流量的互相关测量[J]. 计量学报, 15(2): 126-131.

刘荣丽, 戴光清, 陈刚, 2002. 掺气水流数字图像上气泡提取的二值化阈值确定[J]. 水力发电, 11: 59-73.

彭玉华, 2002. 小波变换与工程应用[M]. 北京: 科学出版社.

任岩, 陈德新, 2005. 流动图像错误速度矢量的识别与评价[J]. 华北水利水电大学学报(自然科学版), 26(1): 45-47.

阮晓东, 宋向群, 山本富士夫, 1998. 基于 BICC 算法的 PIV 技术[J]. 实验力学, 13(4): 514-519.

森俊二, 1991. Basic 图像处理程序 150 例[M]. 王东升, 王熙法, 等, 译. 北京: 中国科学技术出版社.

施丽莲, 2004. 基于数字图像识别技术的气液两相流参数检测的研究[D]. 杭州: 浙江大学.

施丽莲, 蔡晋辉, 周泽魁, 2005. 基于图像处理的气液两相流流型识别[J]. 浙江大学学报: 工学版, 39(8): 1128-1131.

施丽莲, 叶军, 沈红卫, 2012. 气液两相流气泡图像的形态学分割方法[J]. 自动化仪表, 33(10): 20-23.

孙鹤泉, 康海贵, 李广伟, 2002. 基于图像互相关的 PIV 技术及其频域实现[J]. 中国海洋平台, 17(6): 1-4.

田村秀行, 1986. 计算机图像处理技术[M]. 北京: 北京师范大学出版社.

王灿星, 林建忠, 山本富士夫, 2001. 二维 PIV 图像处理算法[J]. 水动力学研究与进展, 16(4): 399-404.

王平让, 2004. PIV 图像后处理新方法研究[D]. 大连: 大连理工大学.

王树立, 孙桂大, 解茂昭, 1999. 鼓泡塔内气液两相流的研究[J]. 石油化工, 28(10): 676-681.

王微微, 2006. 气液两相流参数检测新方法研究[D]. 杭州: 浙江大学.

王新成, 2000. 高级图像处理技术[M]. 北京: 中国科学技术出版社.

王张斌, 2008. 流体可视化技术在沙棘柔性坝流场测量中的应用研究[D]. 西安: 西安理工大学.

许联锋, 2004. 水气两相流动的数字图像测量方法及其应用研究[D]. 西安: 西安理工大学.

严国荣, 赵亦工, 2002. 基于改进的遗传算法的快速图像相关匹配技术[J]. 电讯技术, 5, 96-99.

杨立新, 巴黎明, 李星, 2007. 两种气液两相流模型的应用和比较[J]. 工程热物理学报, 28(2): 93-96.

禹明忠, 2002. PTV 技术和颗粒三维运动规律的研究[D]. 北京: 清华大学.

张东衡, 2006. 气液两相流气相目标识别研究[D]. 杭州: 浙江工业大学.

张明亮, 2004. PIV 技术在水垫塘模型水流流动中的应用研究[D]. 西安: 西安理工大学.

张明亮, 陈刚, 许联锋, 等. 2004. 水气两相流中稀疏气泡流动速度场的数字图像测量初探[J]. 力学季刊, 25(2): 208-21.

章毓晋, 1995. 图像处理和分析[M]. 北京: 清华大学出版社.

章毓晋, 2001. 图像分割[M]. 北京: 科学出版社.

朱虹, 等, 2005. 数字图像处理基础[M]. 北京: 科学出版社.

CHEN W T, WEN C H, YANG C W, 1994. A fast two-dimensional entropic thresholding algorithm[J]. Pattern recognition, 27(7): 885-893.

CHENG W, MURAI Y, SASAKI T, et al., 2005. Bubble velocity measurement with recursive cross correlation PIV technique [J]. Fluid measurement and instrumentation, 16(1): 35-46.

DAI C, KANG W, 2008. PIV/PTV two-phase flow measurement technique based on image separation[J]. Journal of experiments in fluid mechanics, 22(2): 88-94.

HONG W, LIU Y, ZHOU Y, 2011. Investigation on gas-liquid two-phase flow void fraction across tube bundles based on images processing method[J]. Proceedings of the CSEE, 31(11): 74-78.

JONAS B, 1999. On the accuracy of a digital particle image velocimetry system[R]. Sweden: Department of heat and power engineering division of fluid mechanics lund institute of technology, 9-10.

KEANE R P, ADRAIN R J, 1992. Theory of cross-correlation of PIV image[J]. Applied scientific research, 49(3): 191-215

PAL S K, KING R A, HASHIM A A, 1983. Automatic gray level thresholding through index of fuzziness entropy[J]. Pattern recognition letters. 1(3): 141-146.

QU J W, MURAI Y, YAMAMOTO F, 2004. Simultaneous PIV/PTV measurements of bubble and particle phases in gas-liquid two-phase flow based on image separation and reconstruction[J]. Journal of hydrodynamics, 16(6): 756-766.

RAFFEL M, 1998. Particle Image Velocimetry: A Practical Guide [M]. Berlin: Springer-Verlag Berlin Heidelberg.

SHAO J, YONGTING H U, CHEN G, et al., 2010. Research on PTV algorithm for tracking bubble motion in gas-liquid two-phase flow[J]. Journal of hydroelectric engineering, 29(6): 121-125.

SHAPIRO L G, STOCKMAN G C, 2005. 计算机视觉[M]. 赵清杰, 钱芳, 蔡利栋, 译. 北京: 机械工业出版社.

SMITS A J, 1991. Digital particle image velocimetry [J]. Experiments in fluids, 10(4): 181-193.

WANG X, 1998. Preliminary investigation of particle image velocimetry(PTV-PIV)technique in two-phase flow[J]. Chinese journal of theoretical and applied mechanics, 14(1): 121-125.

WESTERWEEL J, 1993. Digital particle image velocimetry theory and application[D]. Delft: Delft University.

WESTERWEEL J, 1994. Efficient detection of spurious vectors in particle image velocimetry data[J]. Experiments in fluids, 16(3-4): 236-247.

WESTERWEEL J, NIEUWATADT F T M, FLOR J B, 1991. Measurement of Dynamics of Coherent Flow Structures Using Particle Image Velocimetry[M]. Berlin: Springer berlin heidelberg.

XUE T, WANG Q F, LIU X W, 2013. Bubble image processing based on ARM in gas-liquid two-phase flow[J]. Advanced materials research, (694-697): 2630-2633.

ZHANG D, TANG Z, YE H, et al., 2006. Measurement method of gas-liquid two-phase flow parameters based on digital image processing[J]. Computer measurement & control, 14(5): 597-599.

ZHOU Y L, LI H W, FAN Z, 2008. Measurement of flow field of oil-air-water three-phase based on PTV[J]. Journal of chemical industry & engineering, 59(10): 2505-2510.

第 4 章　液相速度场的可视化

在多相流流体中，气相和液相的流场特征不相同，液相的速度场取决于气液两相运动过程中气泡的运动特性。由于气液两相运动规律、运动特性的不同，水环境中多相流各相的运动规律也需要进一步的研究。液相速度场的获取主要有两种方法，第一种方法是基于气液两相的分离技术，通过粒子图像测速技术获得数据，对其中的气液两相进行相分离处理，分别得到气相和液相的运动规律；第二种方法则不需要相分离技术，直接从气相的运动规律反推液相的运动规律，即逆解析算法。本章主要对液相速度场的获取进行介绍，着重介绍无须进行相分离的逆解析技术。

4.1　两相分离技术

在水环境中，两相分离技术是按照流场中气液两相特有的属性进行区分的。在两相数字图像测量的过程中要检测液相的运动规律，就要涉及气液两相的分离，而图像处理比单相 PIV 技术要复杂和困难得多。同时，真实流体大多是两相甚至多相的混合流动，从而限制了一些检测技术的应用，通过两相分离技术就能很好地解决这一问题。各相分离后，采用单相 PIV 技术即可获得每一相的流速场。

我国对两相 PIV 技术的研究始于 20 世纪 90 年代中期。目前单相二维 PIV 技术已发展相当成熟，但对两相 PIV 技术的研究尚处于快速发展阶段，一些学者开始在气液、液固等低流速、低分散相密度的流动中进行可行性实验研究。两相 PIV 技术与单相 PIV 技术的不同在于首先要将代表不同相的粒子区分开来，两相分离后可单独按单相的方法处理，由此可见两相 PIV 技术的关键在于相分离技术。目前两相 PIV 相分离技术主要有五种基本方法，即灰度分辨法、粒径分辨法、激光诱导荧光法、中值滤波法和滑移速度法，国内对两相 PIV 相分离技术通常采用粒径分辨法或灰度分辨法。

4.1.1　灰度分辨法

灰度分辨法是一种常用的两相分离方法，其原理是示踪两相流体的粒子光学性能不同，因此在得到的图像中代表两相粒子的明暗程度不一，即它们的灰度值不一样，可以通过成像灰度级的差异进行相分离，各相分离后采用单相 PIV 技术即可获得每一相的速度场。为了防止相间的严重干扰，这种技术要求连续相示踪粒子的最大散射横断面要和离散相粒子的散射横断面相差一个数量级。即使正确地选择了示踪粒子，这种方法也要求仔细地调整和耐心地优化成像，以消除相间的干扰，使不同相粒子间的灰度差别尽可能的大。各相分离后，采用单相 PIV 技术即可获得每一相的流速场。

邵雪明等（2003）采用灰度模板匹配法和灰度加权标定法对液固两相粒子进行了识别、区分和标定，灰度模板匹配法能对两相粒子进行有效的识别和区分。灰度模板匹配法分别用两相典型粒子的灰度值模板（通过理想状态下粒子的灰度分布并用粒径归一化后得到）去核对图像中的每一个区域，用平方差之和来衡量原图中的块和模板之间的差别。假设模板的大小为 $m \times n$，图像的大小为 $\text{Width} \times \text{Height}$，模板中的某点坐标为 (x_o, y_o)，该点灰度为 $f(x_o, y_o)$，与之重合的图像中的点坐标为 (X, Y)，该点的灰度为 $g(X, Y)$，则这一次匹配的结果为

$$\sum_{x_o=0}^{m-1} \sum_{y_o=0}^{n-1} [f^2(x_o, y_o) - g^2(X, Y)] \tag{4.1}$$

全部图像都匹配后找到较小值对应的区域可认为是要找的粒子所在的区域，将该粒子信息存入对应相的图像中，然后用灰度加权法求出这颗粒子的中心坐标，由此实现两相分离。

灰度分辨法原理简单易于实现，但应用该方法进行两相分离时需要事先正确选择合适的代表两相光学性能不同的示踪粒子。若示踪粒子反光强度差别大，其分辨容易，但不能在同一光学条件下取像，会出现对某一相示踪粒子取像清晰而另一相示踪粒子的图像（尤其边界）模糊不清，必须通过特殊光学镜头处理调试，分别取像再合成在一起。

4.1.2　粒径分辨法

粒径分辨法也是一种常用的两相分离方法，其原理是基于连续相示踪粒子与离散相粒子颗粒大小之间的差异进行相分离。

王希麟等（1998）采用粒径分辨法分离固液两相图像。该方法首先对原始 PIV 图像进行二值化处理，使离散相颗粒及示踪粒子成为白色的亮点而从背景中分离出来，通过计算这些亮点的粒径或面积，选取一适当的阈值就可以将代表不同相的粒子区分开来。

蔡毅等（2002）采用人工智能中的模糊逻辑方法对气固两相流动的颗粒进行识别，在识别过程中可以获取大量有关颗粒本身的信息，如形状和尺寸等，由此可将气固两相流动中不同尺寸的颗粒区分开。颗粒识别过程可以通过两个步骤完成：①对完整的图像进行扫描，搜索出所有的灰度中心；②从每个灰度中心出发，由模糊逻辑法对其相邻的像素是否属于该粒子图像进行判断，由此逐步找出该颗粒的边界。

Gui 等（2003）使用数字掩盖技术（digital mask technique）来消除相间相互影响对相关计算的影响。与上述方法不同，该方法首先基于粒子尺寸来判断每一图像像素的隶属关系，并以掩盖函数 $\Delta(i, j)$ 进行标识：

$$\Delta(i, j) = \begin{cases} 0, & \text{像素（}i, j\text{）属于离散相} \\ 1, & \text{像素（}i, j\text{）属于连续相} \end{cases} \quad (4.2)$$

将数字掩盖技术与最小方差相关法（MQD）结合，不需对两相 PIV 图像进行分离就可以计算各相的速度。

粒径分辨法原理简单易于实现，但是要求选取代表不同相粒子的粒径差别要尽可能大，这样才能容易选择粒径或面积的阈值，减少误判点。研究还发现，在气液两相流中，当光源强度较低时，气泡不再成像为一个大的实心亮点而是呈现为两个小的亮点，此时基于粒径来区分示踪粒子和气泡将变得相当困难。

4.1.3　激光诱导荧光法

激光诱导荧光（laser induced fluorescence，LIF）法被广泛应用于气液两相 PIV 相分离中，是适用和可靠的方法。其原理是向气液两相流中撒入荧光示踪粒子代表液相，气泡代表气相，通过脉冲激光照射测试平面，荧光示踪粒子由于激光诱导将发出荧光，其波长与原入射激光不同，气泡被激光照射时其散射光波长与原入射激光相同，通过散射光波长的不同可以对气液两相进行分离，各相分离后采用单相 PIV 技术即可获得每一相的速度场。

激光诱导荧光法由两相 LIF-PIV 系统来实现。其中，荧光粒子的吸收光谱接近于脉冲激光的波长，使用两个 CCD 摄像机和两个适合的精密光学带通滤波器（一种选频装置，它允许输入信号中的特定频率成分通过，同时抑制或极大地衰减其他频率成分）来同时记录两相流场。摄录气泡的 CCD 摄像机被固定在散射角度 80°，在这个选定的角度只有气泡散射光，使用和入射激光具有同等波长的带通滤波器来确保 CCD 摄像机仅记录气泡散射的光。摄录荧光示踪粒子的 CCD 摄像机被固定在散射角度 105°，在这个角度气泡散射光的强度最低，使用和荧光具有同等波长的带通滤波器来确保 CCD 摄像机仅记录荧光示踪粒子散射的光（Bröder et al.，2002）。两相 LIF-PIV 系统如图 4.1 所示。

由图 4.1 可见，激光诱导荧光法实际上是采用硬件设备来实现相分离的，该方法成熟可靠，已有商品化的设备，无须尺寸或分散相强度的先验知识。但额外的 CCD 摄像机、光学滤镜以及大功率的激光使得实验装置比较复杂昂贵，且由于气泡可以反射或折射由荧光粒子发出的荧光，使得这些气泡出现在记录荧光示踪粒子的 CCD 摄像机上，导致计算可能会出现一些误差。

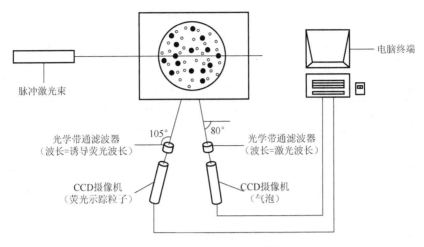

图 4.1　两相 LIF-PIV 系统

4.1.4　中值滤波法

中值滤波法的基本原理是对于既包含小的示踪粒子（代表连续相）又有大的离散颗粒（代表分散相）的两相 PIV 图像，小的示踪粒子可以看作是散布于均匀背景的噪音，通过二维中值滤波可以滤掉小的示踪粒子得到仅含离散颗粒的图像，将原始两相图像与该图像二维中值滤波后的图像相减即可得到仅含连续相示踪粒子的图像，然后各自应用单相 PIV 技术来处理，由此实现两相分离。中值滤波法分离两相 PIV 图像如图 4.2 所示。

（a）原始两相 PIV 图像　　　　（b）分散相图像　　　　（c）连续相图像

图 4.2　中值滤波法分离两相 PIV 图像

在中值滤波中把局部区域灰度的中央值作为区域中央像素的输出灰度，对于滤波宽度为 N_f，面积为 A 的正方形中值滤波器，对以点 (i_o, j_o) 为中心的滤波窗口内所有像素的灰度值按从小到大的顺序排列，将中间值作为点 (i_o, j_o) 处的灰度值（若窗口中有偶数个像素，则取两个中间值的平均），其表达式为

$$X_{i,j}^1 < \cdots < X_{i,j}^k < \cdots < X_{i,j}^{N_{\mathrm{f}}^2}, \quad (i,j) \in A, \quad Y_{i_o,j_o} = X_{i,j}^k \qquad (4.3)$$

式中，$X_{i,j}^1 \cdots X_{i,j}^k \cdots X_{i,j}^{N_{\mathrm{f}}^2}$ 是窗口 A 内像素的灰度值；$X_{i,j}^k$ 是灰度值中值；Y_{i_o,j_o} 是点 (i_o, j_o) 中值滤波后的像素值。

　　Kiger 等（2000）应用中值滤波法对两相图像进行了分离并对该方法的可靠性做了研究。结果表明，中值滤波不会改变连续相的测量精度，滤波窗口宽度 N_{f} 的选择非常关键。对示踪粒子进行运动估值时，最佳滤波窗口宽度为 $N_{\mathrm{f}}/d_{\mathrm{t}} \geqslant 2$（$d_{\mathrm{t}}$ 为示踪粒子直径），在这种情况下连续相流场的平均位移误差近似为 0.02 像素；对于分散相运动估值，当 $d_{\mathrm{p}}/d_{\mathrm{t}} > 3$（$d_{\mathrm{p}}$ 为离散相粒子直径）时，最佳滤波窗口宽度为 $N_{\mathrm{f}}/d_{\mathrm{t}} = 1.3$，可以保证正确识别 95% 的粒子且具有 0.1 像素的精度。

　　中值滤波是一种典型的非线性、低通、平滑信号滤波器，对干扰脉冲和点状噪声有良好的抑制作用，能够平滑尖锐噪声，即使在信噪比较低的区域仍能对图像边缘有较好的保持，而且其计算速度非常快，可以用于在线处理（赫荣威，1988）。通过对图像进行中值滤波可以抑制噪声，增强图像特征，提高信噪比。中值滤波对分散相为固体粒子的两相流相分离非常有效，而对于两相气泡流动，由于气泡具有复杂的形状和散射特性，用中值滤波进行相分离不是完全有效（李国亚，2004）。

4.1.5　滑移速度法

　　滑移速度法被用于气液两相流中相的分离，该方法和以上提到的相分离方法有着显著差异。其原理是基于气液两相流中通常存在着显著的滑移速度，在这种情况下相关平面将会出现两个不同的位移峰值，区分代表示踪粒子和气泡的峰值信号就可以直接得到气液两相流场的速度。

　　在气液两相测量中，CCD 摄像机捕获的图像上同时存在示踪粒子和气泡信息，滑移速度法无须将图像上代表两相的粒子分离，直接采用单相 PIV 相关算法来确定示踪粒子和气泡群的位移。相关函数包含两个位移相关峰值，一个属于液相，一个属于气相，由于气泡和周围流体有滑移速度，这两个位移相关峰值不会严重重叠，典型气液两相流 PIV 相关平面如图 4.3 所示。

　　假定相关函数为

$$R(s) = R_D^{(\mathrm{TT})}(s) + R_D^{(\mathrm{BB})}(s) + R_D^{(\mathrm{TB})}(s) + R_D^{(\mathrm{BT})}(s) \qquad (4.4)$$

式中，$R_D^{(\mathrm{TT})}(s)$ 表示示踪粒子的位移相关峰；$R_D^{(\mathrm{BB})}(s)$ 表示气泡位移相关峰；$R_D^{(\mathrm{TB})}(s)$ 和 $R_D^{(\mathrm{BT})}(s)$ 分别表示示踪粒子与气泡、气泡与示踪粒子间的随机相关。

　　在实际的处理中应当鉴别相关平面内两个相关峰的隶属关系，具体实现需要气液两相流场的实验值确定一个仅含示踪粒子的查询窗口，显然该窗口内最大位移峰值属于液相，将该位移峰值和临近查询窗口含有的两相相关位移峰值比较判断，如果差别最小则代表液相，反之则代表气相。由此在分离两相的同时计算了两相流场。

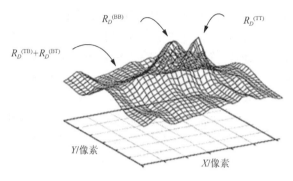

图 4.3　典型气液两相流 PIV 相关平面

Delnoij 等（1999）用单帧双曝光 PIV 法研究了气泡羽流，使用图像移动技术解决了单帧双曝光 PIV 法位移方向模糊的问题，通过滑移速度法在分离两相的同时获得流场信息。查询窗口内气泡个数有限，气泡位移相关峰的信噪比（signal-to-noise rate，SNR）通常较差，因此需要计算一些连续 PIV 图像的总体相关，即

$$R_{\text{Ensemble}}(s) = \sum_{i=1}^{N_{\text{Ensemble}}} R_i(s) \tag{4.5}$$

随着总体相关集合中 PIV 图像数量的增加，一方面 SNR 得到提高且两位移相关峰幅值自动增大，另一方面噪声总水平改变甚微。Delnoij 等（1999）研究了总体相关 PIV 技术，发现要正确识别 90%气泡位移大约需要 16 幅连续的 PIV 图像。

滑移速度法是单相 PIV 的直接推广，它无需将原始两相 PIV 图像分解为仅含有某一相粒子的两幅单相 PIV 图像，只需要一次计算便可得到两相流场同时分离两相，因此其计算速度较快。但是当两相间滑移速度较小或两次曝光时间间隔很小时，这两个位移峰值将非常接近甚至严重重叠，将无法进行两相的分离。另外，在采用增大时间间隔和通过总体相关提高 SNR 后，提取到的是两相的平均运动，故无法清楚了解两相间的相互作用。

4.2　逆解析技术

气液两相流动的复杂性，使得应用 PIV 技术有所局限，尤其是在气液两相的分离问题上存在困难。为了扩大 PIV 技术的应用范围，解决气液两相分离的难题，逆解析方法应运而生，其主要机理是根据气液两相的动力学联系直接由两相中的气相速度场推求液相速度场。逆解析的原理为通过建立气泡在水中所受重力、惯性力、阻力、附加惯性力、表面力、升力和历史力的运动方程，不使用示踪粒子而从气液两相流的气相流速来反求液相流速，由 PIV 法计算气液两相流中气相的速度，再由得到的气相流速反求液相速度，最后利用 PIV 的后处理技术得到整个液相的流场。该方法解决了 PIV 技术应用受限的问题，降低了成本，对两相测速无须进行相分离，克服了两相间数字图像处理的困难。

PIV 的逆解析法是根据气泡在水中的迁移运动规律推导得出的，其中涉及参数的确定。由有限差分法求解气泡迁移运动方程时，在方程中所涉及的主要参数为阻力系数 C_D 和升力系数 C_L。假定气泡为均匀球体，无形变，在前人研究的基础上，针对气泡在迁移运动过程中雷诺数随分散相和连续相变化的问题，将气液两相速度的影响考虑到阻力系数 C_D 中以后，采用泰勒-格林涡和欧拉-欧拉模型对改进后的算法进行验证，提高逆解析方法的计算精度。

4.2.1　逆解析原理

1. 作用在气泡上的力

素流中，气泡的运动由作用在其上的质量力和表面力决定，其形式取决于所分析的状态，这一状态由基本参数——气泡雷诺数确定：

$$\mathrm{Re} = \frac{2r_g \left| u_g - u_l \right|}{v_l} \tag{4.6}$$

式中，r_g 是气泡半径；u_g 是气泡速度；u_l 是气泡中心处的流体速度；v_l 是流动运动黏滞系数。

在 Re 较小时，黏滞作用占主导地位，流线在气泡中心处基本对称；而在 Re 较大时，流线离开气泡并在气泡后面产生尾流；在 Re 足够大时，尾流变成了素流。

在低气泡雷诺数下，密度为 ρ_g，半径 r_g 比流动尺度小得多的球形气泡，即为无形变的气泡。作用在气泡上的力分为两类：质量力和表面力。由牛顿第二定律可知，作用在气泡上力的表达式为

$$F_B + F_S = 0 \tag{4.7}$$

式中，F_B 是作用在气泡上质量力的合力；F_S 是作用在气泡上表面力的合力。

质量力仅考虑气泡的重力和惯性力；表面力的形式比较不明显且受 Re 的影响较大，其包含五种力：阻力、附加惯性力、表面力、升力和历史力。

1）质量力

（1）重力。气泡所受重力表达式为

$$f_G = \rho_g V_g g \tag{4.8}$$

式中，f_G 是重力；ρ_g 是气相密度；$V_g = 4\pi r_g^3 / 3$ 是气相体积；g 是重力加速度。

（2）惯性力。一种与物体质量有关且与非惯性系相对于惯性系的加速度有关

的力，因为这个力与物体的惯性有关，所以称为惯性力。其表达式为

$$f_I = \rho_g V_g \frac{du_g}{dt} \tag{4.9}$$

式中，u_g 是气相速度。

2）表面力

（1）阻力。由于流体具有黏滞性，气泡受到摩擦使得其速度趋向适应流体的速度，这一影响由阻力来描述，其表达式为

$$f_D = C_D \frac{\pi r_g^2}{2} \rho_l |u_g - u_l| (u_g - u_l) \tag{4.10}$$

式中，f_D 是阻力；C_D 是阻力系数；ρ_l 是液体密度；u_l 是液相速度。

（2）附加惯性力。附加惯性力是流体传递加速度给气泡而施加在气泡上的力，毫无疑问流体需要传递它的加速度到一定体积的气泡中以便取代气泡前进。这一增量由附加惯性系数 β 来描述其特性，其表达式为

$$f_A = \beta \rho_l V_g \left(\frac{du_g}{dt} - \frac{du_l}{dt} \right) \tag{4.11}$$

式中，f_A 是附加惯性力；β 是附加惯性系数；$\dfrac{du_g}{dt}$ 是在气泡位置处流体速度的导数；$\dfrac{du_l}{dt}$ 是气泡拉格朗日速度的时间导数。

（3）表面力。作用在气泡上的表面力是流体施加在气泡泡体占据的那部分体积上的力，其表达式为

$$f_S = \int_{V_g} \nabla \sigma dV = -\rho_l V_g \frac{du_l}{dt} - \rho_l V_g g \tag{4.12}$$

式中，f_S 是表面力；σ 是应力张量。在积分量中，假定 u_l 为均匀流，重力项 $-\rho_l V_g g$ 代表了阿基米德浮力，附加项 $-\rho_l V_g \dfrac{du_l}{dt}$ 也由这一推论产生。

（4）升力。升力的产生是因为载相流中存在涡旋，其力作用的方向垂直于气泡与流体的相对速度。升力的表达式为

$$f_L = -C_L \rho_l V_g (u_l - u_g) \times \omega \tag{4.13}$$

式中，f_L 是升力；C_L 是升力系数；$\omega = \nabla \times u$，是流体涡量。

（5）历史力。当气泡受到加速时，由于黏滞性，在周围流体可以适应这一新状态之前有一个时间滞后，历史力考虑了这一现象，其表达式为

$$f_{H} = -6\pi r_{g}^{2}\mu_{1}\int_{0}^{t}\frac{d(v-u)}{d\tau}\frac{d\tau}{\left[\pi v(t-\tau)^{1/2}\right]} \tag{4.14}$$

2. 单个气泡迁移运动方程

对于牛顿流体，作用在单个气泡上的合力为零，即式（4.8）～式（4.14）的加和等于零，即

$$f_{G} + f_{I} + f_{D} + f_{A} + f_{S} + f_{L} + f_{H} = 0 \tag{4.15}$$

式中，f_{G}、f_{I}、f_{D}、f_{A}、f_{S}、f_{L}、f_{H} 分别表示重力、惯性力、阻力、附加惯性力、表面力、升力、历史力。

历史力是一个永久力，会对逆解析过程产生影响，但历史力对于洁净气泡在 Re>50 时影响甚微，故忽略不计。在低雷诺数下，对于球形，无形变气泡代入各力的数学表达式得

$$(\rho_{g}+\beta\rho_{1})\frac{du_{g}}{dt} = (1+\beta)\rho_{1}V_{g}\frac{du_{1}}{dt} + (\rho_{1}-\rho_{g})V_{g}g - C_{D}\frac{1}{2}\rho_{1}\pi r_{g}\left|u_{g}-u_{1}\right|(u_{g}-u_{1})$$
$$- C_{L}\rho_{1}V_{g}(u_{g}-u_{1})\times(\nabla\times u_{1}) \tag{4.16}$$

令 $\gamma = \dfrac{\rho_{g}}{\rho_{1}}$，式（4.16）可简化为

$$(\gamma+\beta)\frac{du_{g}}{dt} = (1+\beta)\frac{du_{1}}{dt} + (1-\gamma)g - \frac{3C_{D}}{8r_{g}}\left|u_{g}-u_{1}\right|(u_{g}-u_{1}) - C_{L}(u_{g}-u_{1})\times(\nabla\times u_{1}) \tag{4.17}$$

4.2.2　逆解析方程求解

将式（4.17）进一步简化得

$$f_{p}(u_{g}-u_{1}) = (1-\gamma)g + (1+\beta)\frac{du_{1}}{dt} - S \tag{4.18}$$

$$S = (\gamma+\beta)\frac{du_{g}}{dt} + C_{L}(u_{g}+u_{1})\times(\nabla\times u_{1}) \tag{4.19}$$

其中，参数 f_{p} 为

$$f_{p} = \frac{3Av_{1}}{16r_{g}^{2}}g(\mathrm{Re}) = f_{0}g(\mathrm{Re}) \tag{4.20}$$

在式（4.20）中，对于洁净气泡，$A=16$；对于污染气泡，$A=24$；Levich 阻力下，$A=48$。$g(\mathrm{Re})$ 是关于雷诺数的函数，表达式为

$$g(\mathrm{Re}) = C_{D}\left(\frac{A}{\mathrm{Re}}\right)^{-1} \tag{4.21}$$

当液相静止，气相以极限速度上升时，在时间间隔 n 内，液相流速为

$$u_1^n = u_g^n - \frac{(1-\gamma)g}{f_p^n} \qquad (4.22)$$

在过渡区，液相流速为

$$u_1^n = \frac{(1+\beta)u_1^{n-1} + \left\{a^{n-1}u_g^n - (1-\gamma)g + S^n\right\}\Delta t}{(1+\beta) + a^{n-1}\Delta t} \qquad (4.23)$$

$$S^n = (\gamma+\beta)\frac{u_g^n - u_g^{n-1}}{\Delta t} + C_L(u_g^{n-1} - u_1^{n-1}) \times (\nabla \times u_1^{n-1}) \qquad (4.24)$$

上述方程中，任何时刻的气泡速度可由 PIV 图像处理得到，$n-1$ 时刻液体的速度可由前一时刻液体的速度计算得到，时间间隔 Δt 与测量时间间隔对应。忽略升力时，式（4.24）中 $C_L = 0$，根据涡流运动的结果很容易求出气泡位置处液相的流速；考虑升力时，根据气泡周围流速，必须采用内插法才能求出液相流速。

对于液相分散相流速的内插，拉普拉斯方程差分法只适应于紊流模型，而时空法可用于非紊流模型。内插法的基本方程为

$$\nabla^2 u_1 = 0 \qquad (4.25)$$

$$K\frac{\partial^2 u_1}{\partial t^2} + \nabla^2 u_1 = 0 \qquad (4.26)$$

$$u_1 = u_{1K}\delta + u_1(\delta - 1) \qquad (4.27)$$

式（4.25）是紊态关于速度矢量 u_1 的拉普拉斯方程，式（4.26）是非紊态的拓展拉普拉斯方程。式（4.26）中参数 K 是时空因子，其值等于所选时间间隔与相应波长比值的平方，δ 是 0～1 的函数。最终，紊态和静态下液相的整个流场分布由式（4.23）～式（4.27）计算求得。

4.2.3　逆解析参数的确定

气泡的运动由作用在其上的质量力和表面力决定，其形式取决于所分析的状态，这一状态由基本参数气泡雷诺数［式（4.6）］确定。此处主要讨论的是在密度为 ρ_g，半径 r_g 比流动尺度小得多的球形、无形变的气泡。影响气泡在水中运动的因素主要有与雷诺数相关的黏滞系数、阻力系数等变量。此处主要讨论升力系数和阻力系数，并在前人研究的基础上，将速度考虑到雷诺数中，求解逆解析方程。

1. 阻力系数 C_D

阻力的产生主要是因为流体具有黏滞性，气泡受到摩擦使得其速度趋向适应

流体的速度。阻力系数是与雷诺数相关的一个影响气泡运动的无量纲参数，取决于气泡雷诺数。

对于动力黏滞系数为 μ_p 的粒子在 $\mathrm{Re} \ll 1$ 的范围内，C_D 由分析推导得出：

$$C_\mathrm{D} = \frac{16}{\mathrm{Re}}\left(\frac{1 + 3\mu_\mathrm{p}/(2\mu_\mathrm{f})}{1 + \mu_\mathrm{p}/\mu_\mathrm{f}}\right) \tag{4.28}$$

式中，μ_f 是流体动力黏滞系数。

对于表面活化的气泡，在气液界面上具有零剪切应力的边界条件，意味着 $\mu_\mathrm{f} \gg \mu_\mathrm{p} \approx 0$，因此从式（4.28）中可以估计出阻力系数为 $C_\mathrm{D} = 16/\mathrm{Re}$。

在 $1 < \mathrm{Re} < 60$ 中，Mei 等（1994）通过直接数值模拟的方法建立了阻力系数的校正公式：

$$C_\mathrm{D} = \frac{16}{\mathrm{Re}}\left(1 + 0.15\,\mathrm{Re}^{0.5}\right) \tag{4.29}$$

在 $\mathrm{Re} > 60$ 中，Magnaudet 等（1995）建立了一个渐进的表达式，即

$$C_\mathrm{D} = \frac{48}{\mathrm{Re}}\left(1 - \frac{2.2}{\mathrm{Re}^{0.5}}\right) \tag{4.30}$$

阻力系数随雷诺数的变化曲线如图 4.4 所示。

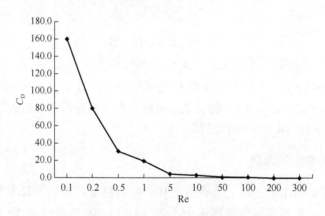

图 4.4　阻力系数随雷诺数的变化曲线

Cerutti 等（2000）也根据雷诺数给出了阻力系数的计算公式，其根据不同的雷诺数区间给出了不同阻力系数的公式，即

$$C_\mathrm{D} = \frac{24}{\mathrm{Re}}, \mathrm{Re} < 1 \tag{4.31}$$

$$C_\mathrm{D} = \frac{24}{\mathrm{Re}}\left[1 + \frac{3.6}{\mathrm{Re}^{0.313}}\left(\frac{\mathrm{Re}-1}{19}\right)^2\right], 1 \leqslant \mathrm{Re} \leqslant 20 \tag{4.32}$$

$$C_D = \frac{24}{Re}(1 + 0.15 Re^{0687}), Re > 20 \tag{4.33}$$

石晟玮等（2008）通过研究得出了 Re <150 时气泡运动通用的阻力系数表达式，即

$$C_D = (7.2 Re^{0.351} + 25) / Re \tag{4.34}$$

2. 附加惯性系数 C_M

对于球体，附加惯性系数与雷诺数和流动是否均匀无关，一般气泡中的附加惯性系数 $C_M = 1/2$。

3. 升力系数 C_L

升力系数的取值目前还不确定。Legendre 等（1998）通过直接数值模拟的方法估计了低到中雷诺数下升力系数 C_L 的特性，发现除了在 Re ≪ 1 时，C_L 表现为 Re 的减函数，在 Re 较高时 C_L 的极限为 1/2，这一结果与 Auton 在微旋黏性流体中的计算结果相似。然而 Rensen 等和 Lohse 与 Prosperetti 的实验结果发现 $C_L = 1/2$ 不合理，并且 Sridhar 和 Katz 研究雷诺数（20< Re <80）时发现，C_L 取得非常大的值并且与局部涡量的四次根值有关（Mazzitelli et al., 1998）。综合考虑，本书采用 Legendre 等（1998）确定的阻力系数经验公式来确定。

对于球形气泡，通过实验模拟给出升力系数的公式为

$$C_L = 0.59 \left(\frac{|\varpi|}{|U_r|} \right)^{1/4} \tag{4.35}$$

式中，ϖ 为气泡所在位置的局部涡量；U_r 为相对速度，可由式（4.35）得出。

Legendre 等（1998）研究了升力系数 C_L 在 0.1< Re <500 时与雷诺数 Re 和剪切速率 Sr 的关系，并给出了 C_L 的经验公式。表 4.1 和表 4.2 给出了剪切速率 Sr 分别为 0.02 和 0.2 时 C_L 在不同 Re 下的模拟值和通过经验公式计算得到的计算值，图 4.5 表示了 C_L 随 Re 和 Sr 的变化曲线。

表 4.1　剪切速率为 0.02 时升力系数随雷诺数的变化

雷诺数 Re	C_L 模拟值	$C_{L(I)}$	ε	$J'(\varepsilon)$	$C_{L(II)}$	C_L 计算值
0.1	7.970	0.277	0.447	0.797	10.838	10.841
0.2	3.840	0.277	0.316	0.434	4.171	4.181
0.5	1.020	0.280	0.200	0.153	0.933	0.974
1	0.421	0.283	0.141	0.062	0.266	0.388
2	0.325	0.290	0.100	0.023	0.071	0.299

续表

雷诺数 Re	C_L 模拟值	$C_{L(1)}$	ε	$J'(\varepsilon)$	$C_{L(\mathrm{II})}$	C_L 计算值
5	0.309	0.309	0.063	0.006	0.012	0.309
10	0.330	0.333	0.045	0.002	0.003	0.333
20	0.364	0.367	0.032	0.001	0.001	0.367
50	0.414	0.418	0.020	0.000	0.000	0.418
100	0.451	0.450	0.014	0.000	0.000	0.450
300	0.482	0.480	0.008	0.000	0.000	0.480
500	0.488	0.488	0.006	0.000	0.000	0.488

表 4.2　剪切速率为 0.2 时升力系数随雷诺数的变化

雷诺数 Re	C_L 模拟值	$C_{L(1)}$	ε	$J'(\varepsilon)$	$C_{L(\mathrm{II})}$	C_L 计算值
0.1	7.630	0.277	1.414	1.955	8.402	8.407
0.2	5.060	0.277	1.000	1.715	5.214	5.222
0.5	2.370	0.280	0.632	1.227	2.360	2.376
1	1.160	0.283	0.447	0.797	1.084	1.120
2	0.520	0.290	0.316	0.434	0.417	0.508
5	0.309	0.309	0.200	0.153	0.093	0.323
10	0.324	0.333	0.141	0.062	0.027	0.334
20	0.362	0.367	0.100	0.023	0.007	0.367
50	0.412	0.418	0.063	0.006	0.001	0.418
100	0.450	0.450	0.045	0.002	0.000	0.450
300	0.480	0.480	0.026	0.000	0.000	0.480
500	0.484	0.488	0.020	0.000	0.000	0.488

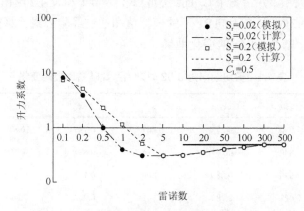

图 4.5　升力系数随雷诺数和剪切速率的变化曲线

由图 4.5 可知，当 $0.1 < \mathrm{Re} \leqslant 5$ 时，C_L 随 Re 的增大而减小；当 $\mathrm{Re} = 5$ 时，C_L 达到最小值为 0.3 左右。当 $0.1 < \mathrm{Re} \leqslant 5$ 时，C_L 与 Sr 有关，在同一 Re 下 Sr 越大 C_L 越大，升力系数 C_L 在雷诺数处于此范围时的经验公式为

$$\varepsilon = (\mathrm{Sr} / \mathrm{Re})^{\frac{1}{2}} \tag{4.36}$$

$$J'(\varepsilon) = \frac{J(\infty)}{(1 + 0.2\varepsilon^{-2})^{3/2}} \tag{4.37}$$

$$C_{L(\mathrm{I})}(\mathrm{Re}, \mathrm{Sr}) = \frac{6}{\pi^2}(\mathrm{Re} \cdot \mathrm{Sr})^{-1/2} J'(\varepsilon) \tag{4.38}$$

式中，$J(\infty) = 2.255$。

当 $\mathrm{Re} > 5$ 时，C_L 随 Re 的增大而增大，快速地接近 Auton 的升力系数结果（$C_L = 0.5$）；在 $\mathrm{Re} = 100$ 时，模拟值与这一结果相差 10%；在 $\mathrm{Re} = 300$ 时，相差 3%；在 $\mathrm{Re} = 500$ 时，相差 2%。当 $5 < \mathrm{Re} \leqslant 500$ 时，C_L 与 Sr 无关，升力系数 C_L 在雷诺数处于此范围时的经验公式为

$$C_{L(\mathrm{II})}(\mathrm{Re}) = \frac{1}{2} \times \frac{1 + 16\,\mathrm{Re}^{-1}}{1 + 29\,\mathrm{Re}^{-1}} \tag{4.39}$$

当 $0.1 < \mathrm{Re} < 500$ 时，C_L 总的经验公式为

$$C_L(\mathrm{Re}, \mathrm{Sr}) = ([C_{L(\mathrm{I})}(\mathrm{Re})]^2 + [C_{L(\mathrm{II})}(\mathrm{Re})]^2)^{1/2} \tag{4.40}$$

4.2.4 逆解析的优势

逆解析方法主要应用于气泡动力学数学模型、PIV 技术以及后处理技术，对多相流中的液相速度场进行研究。在实际工程中，化学反应、热交换及海洋环境工程中的气相（气泡）是可见的，而液相是不可见的，其流场的研究不能受到示踪粒子的干扰，因此不添加示踪粒子的逆解析技术具有广泛的应用前景。

逆解析是采用拉普拉斯方程差分法，从单个气泡的离散数据对液相流速场进行差分，从而重新构建液相的整个流场方程。在这个过程中，当每个气泡上液体的速度矢量精确时，在真实流与重建流间的差异取决于气泡的分布。这里，整个流场的性能采用式（4.41）进行估算：

$$C = \frac{\sum(\varphi_{\mathrm{th}} \cdot \varphi_R)}{\sqrt{\sum \varphi_{\mathrm{th}}^2 \cdot \sum \varphi_R^2}} \tag{4.41}$$

式中，φ 是目标变量；下标 th 表示理论值（或原始值）；下标 R 代表重构（或估计）的值。当 C 值达到 1.0，表明估算的可变流场完全类似于原流场。在这次检验中，对于 C 不同的两个速度分量 u 和 v 采用平均值法求其互相关。

图 4.6～图 4.8 显示了三个参数（气泡个数 n、密度比 γ 和气泡直径 d）与互相关系数的关系图。由于气、液之间的空隙率 $[f_p/(W/L)]$ 以及重力与水利特性力的比值 $[g/(W^2/L)]$ 与环境特性有关，而不是与气泡的条件有关，并且液相流速梯度能够通过差分流速场的方法计算得到，因此需要考虑升力。一般情况下，$f_p/(W/L)=9.0$，$g/(W^2/L)=9.8$。

图 4.6 表明随着气泡数量的增加，整个流场的相关性越大，这个特性来自 LER 的基本特性。图 4.7 表明，密度相同的分散流体在逆解析过程中能更好地重建。得到这个结果不是因为受逆解析方法的限制，而是在流场中存在密度不等的流场偏态分布，即气泡更倾向于加速旋转到涡流中，而较重的粒子则倾向于直线运动远离小的结构或者停留在较高变形率的区域。图 4.8 证实了流场对分散较小的气泡重建效果更好。然而，当涡流波数 $k=1$ 时，互相关系数达到 0.8，一个相对大的气泡直径高达 2mm。测量的数据可以充分显示逆解析的优势。但是超过 2mm 的气泡没被检测到，原因是大气泡会引起与流体无关的固有运动，像"之"字形、螺旋形运动等，这时逆解析的方法就无法进行了。

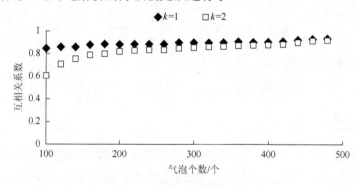

图 4.6　气泡个数的相关性

$f_p/(W/L)=9.0,\gamma=0.01$

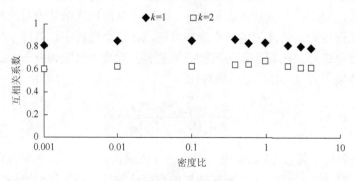

图 4.7　密度比的相关性

$f_p/(W/L)=9.0, n=100$

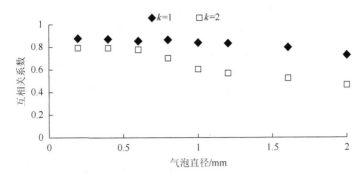

图 4.8　气泡直径的相关性

$f_p/(W/L)=9.0, n=100$

通过气泡运动方程的适用条件及逆解析的推求过程，可以看到逆解析法有其使用的限制条件。故而满足以下的条件，运用逆解析的方法来计算速度场是一种方便、简单的方法。

（1）气泡大约呈球形，且韦伯数小于 0.50。

（2）当 Re<200 时，没有"之"字形和螺旋形运动出现；当 Re>50 时，忽略历史力。

（3）空隙率小于 5%，可忽略气泡与气泡之间的作用力。

（4）典型流动液体的空间比气泡尺寸大得多。此处因气泡迁移运动方程的局限性，混乱漩涡的小气泡不能重新构造。

（5）测量精度要足够高，抽样气泡就不会完全横穿最小刻度液体流。

（6）用 LER 法差分得到的液相流场互相关值高达 80%，涡流中的气泡数目大于 40。单采用改进后的 BER 法插值，气泡数目的下限可以达到 10。

4.3　逆解析算法的验证

逆解析算法具体的运算过程为：首先需要读入气相流场数据，确定逆解析参数（包括容许误差 ε、重力加速度 g、运动黏滞系数 ν_1、气泡半径 r_g、附加惯性系数 C_M）并初始化液相全场速度（赋值为 0）；其次根据给定点处的气相速度由逆解析法求出液相速度，在应用逆解析方程时可由已知条件确定雷诺数并根据雷诺数对阻力系数 C_D、升力系数 C_L 做出修正，再移动到下一个点重复逆解析过程直至给定点的气相数据计算完毕；最后用拉普拉斯方程通过给定点处的液相数据插分得到全场液相流速，对插分前后液相流速场求误差判断是否在允许的范围内，即判断迭代是否结束，若误差大于允许误差则继续迭代求解直到误差小于允许误差，若误差在允许范围内则迭代结束，将计算结果存盘，程序结束（刘晓辉，2006）。

具体逆解析算法流程图见图 4.9（刘晓辉，2006）。

在使用逆解析程序完成流场速度计算中，主要用到了以下函数：

```
int PIV_LER(double *pArray,int *ModifyFlag,int nl,int nr)
```
参数：
double *pArray	指向液相速度场数组的指针
int *ModifyFlag	指向开关系数数组的指针
int nl	液相速度场行数
int nr	液相速度场列数

返回值：
int	计算成功计算迭代次数，计算失败则返回 0

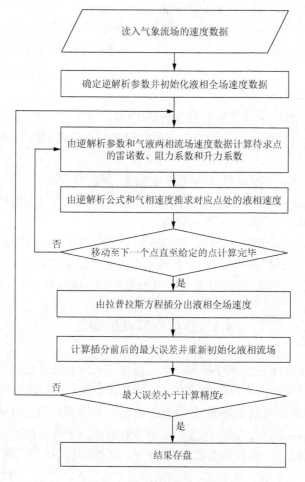

图 4.9　逆解析算法流程图

功能：该函数通过拉普拉斯方程并采用逆解析方法，从气相速度推求得到液相速度，进而求得液相全场速度。

对逆解析程序的校验此处采用泰勒-格林涡和欧拉-欧拉模型。基本思路是对泰勒-格林涡或欧拉-欧拉模型中气相速度场进行随机取样，利用逆解析方程得到液相的全场流速，然后与真实液相流场进行互相关，互相关系数计算公式采用式（4.41），其中 φ_{th} 表示真实流场，φ_R 表示预测流场（万甜，2009；刘晓辉，2006）。

4.3.1 泰勒-格林涡验证逆解析

通过式（4.42）和式（4.43）可以求解泰勒-格林涡流的流速，将气液相速度考虑到雷诺数中后，改进算法，并与前人所得成果进行比较，具体公式为

$$u = W\sin\left(\frac{2\pi kx}{L}\right)\cos\left(\frac{2\pi ky}{L}\right) \tag{4.42}$$

$$v = -W\sin\left(\frac{2\pi ky}{L}\right)\cos\left(\frac{2\pi kx}{L}\right) \tag{4.43}$$

式中，k 代表测量长度为 L 的涡流波数；W 表示速度的振幅。式（4.42）和式（4.43）满足连续性方程。

1. $k=1$ 时的泰勒-格林涡

$k=1$ 时的泰勒-格林涡如图 4.10 所示。

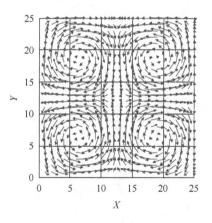

图 4.10　$k=1$ 时的泰勒-格林涡

取气相速度场中已知速度矢量气泡个数分别为 $n=20$，$n=60$，$n=120$，$n=240$，$n=360$，$n=440$，$n=500$，应用逆解析方法反求液相全场速度场结果如图 4.11～图 4.17 所示。

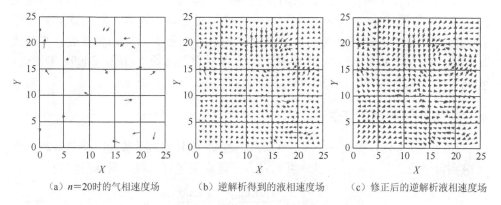

（a）n=20时的气相速度场　　　（b）逆解析得到的液相速度场　　　（c）修正后的逆解析液相速度场

图 4.11　气相速度场 n=20 时逆解析得到的泰勒-格林涡

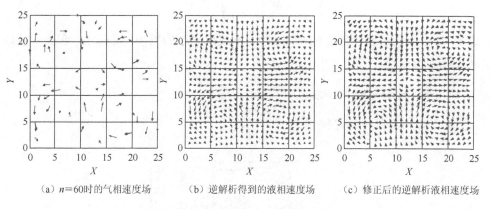

（a）n=60时的气相速度场　　　（b）逆解析得到的液相速度场　　　（c）修正后的逆解析液相速度场

图 4.12　气相速度场 n=60 时逆解析得到的泰勒-格林涡

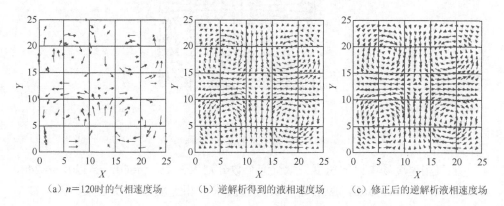

（a）n=120时的气相速度场　　　（b）逆解析得到的液相速度场　　　（c）修正后的逆解析液相速度场

图 4.13　气相速度场 n=120 时逆解析得到的泰勒-格林涡

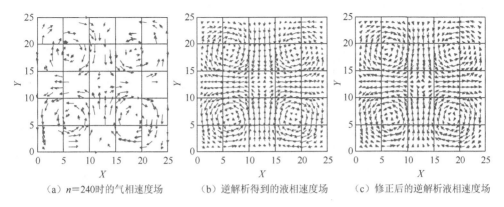

（a）$n=240$时的气相速度场　　　（b）逆解析得到的液相速度场　　　（c）修正后的逆解析液相速度场

图 4.14　气相速度场 $n=240$ 时逆解析得到的泰勒-格林涡

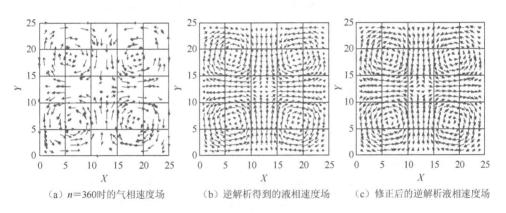

（a）$n=360$时的气相速度场　　　（b）逆解析得到的液相速度场　　　（c）修正后的逆解析液相速度场

图 4.15　气相速度场 $n=360$ 时逆解析得到的泰勒-格林涡

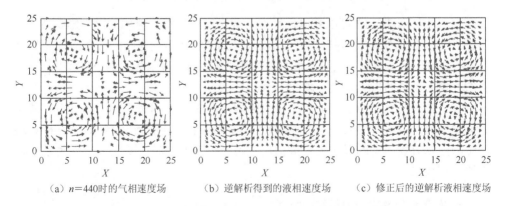

（a）$n=440$时的气相速度场　　　（b）逆解析得到的液相速度场　　　（c）修正后的逆解析液相速度场

图 4.16　气相速度场 $n=440$ 时逆解析得到的泰勒-格林涡

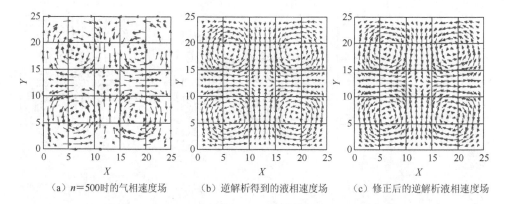

（a）$n=500$时的气相速度场　　（b）逆解析得到的液相速度场　　（c）修正后的逆解析液相速度场

图 4.17　气相速度场 $n=500$ 时逆解析得到的泰勒-格林涡

由式（4.41）计算已知气相速度场，由逆解析得到的液相全场速度场与真实液相速度场的相关系数随已知速度矢量的气泡个数的变化曲线如图 4.18 所示。

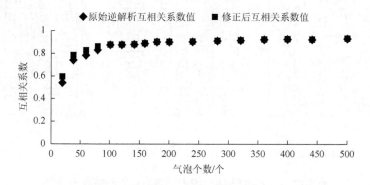

图 4.18　$k=1$ 时逆解析公式修正前后互相关系数的比较

由图 4.11～图 4.17 可以看出，气泡个数对逆解析得到流场的结果影响较大；随着气泡个数的增大，逆解析得到的流速场与泰勒-格林涡得到的液相流场更加吻合，两者的互相关系数值也随之增大；当随机选取的气泡个数达到一定程度时，两者的互相关系数的增大幅度下降。

雷诺数的变化对粒子运动产生极大影响。由图 4.18 可以看出，将气泡和液相的速度考虑到雷诺数中后，修正逆解析方程，逆解析得到的流速场与泰勒-格林涡产生的液相流场两者的互相关系数值比不考虑气液速度时的要大，且相关系数最大值达到 0.948。

2. $k=2$ 时的泰勒-格林涡

$k=2$ 时的泰勒-格林涡如图 4.19 所示。

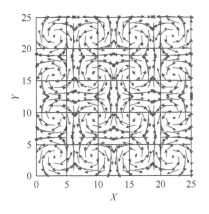

图 4.19　$k=2$ 时的泰勒-格林涡

取气相速度场中已知速度矢量气泡个数分别为 $n=20$，$n=60$，$n=120$，$n=240$，$n=360$，$n=440$，$n=500$，应用逆解析方法反求液相全场速度场结果如图 4.20～图 4.26 所示。

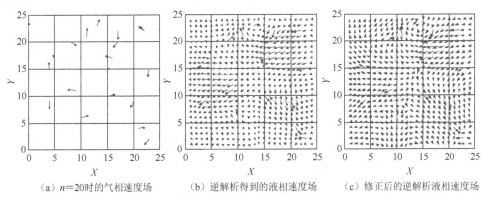

（a）$n=20$ 时的气相速度场　　（b）逆解析得到的液相速度场　　（c）修正后的逆解析液相速度场

图 4.20　气相速度场 $n=20$ 时逆解析得到的泰勒-格林涡

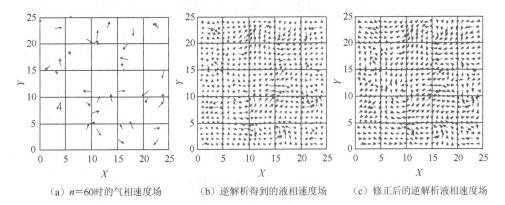

（a）$n=60$ 时的气相速度场　　（b）逆解析得到的液相速度场　　（c）修正后的逆解析液相速度场

图 4.21　气相速度场 $n=60$ 时逆解析得到的泰勒-格林涡

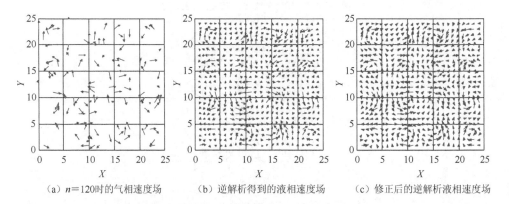

（a）n=120时的气相速度场　　　（b）逆解析得到的液相速度场　　　（c）修正后的逆解析液相速度场

图 4.22　气相速度场 n=120 时逆解析得到的泰勒-格林涡

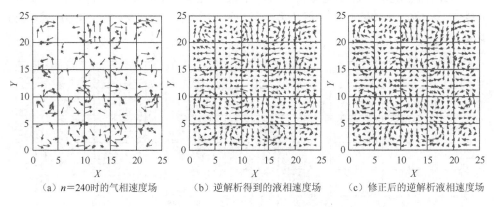

（a）n=240时的气相速度场　　　（b）逆解析得到的液相速度场　　　（c）修正后的逆解析液相速度场

图 4.23　气相速度场 n=240 时逆解析得到的泰勒-格林涡

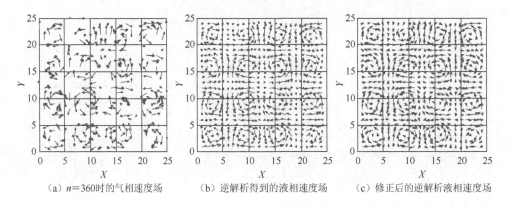

（a）n=360时的气相速度场　　　（b）逆解析得到的液相速度场　　　（c）修正后的逆解析液相速度场

图 4.24　气相速度场 n=360 时逆解析得到的泰勒-格林涡

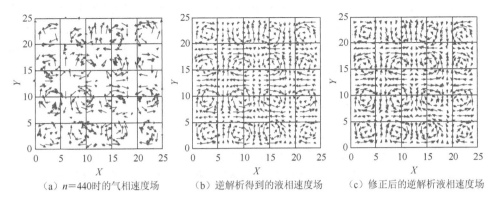

（a）n＝440时的气相速度场　　　（b）逆解析得到的液相速度场　　　（c）修正后的逆解析液相速度场

图 4.25　气相速度场 n=440 时逆解析得到的泰勒-格林涡

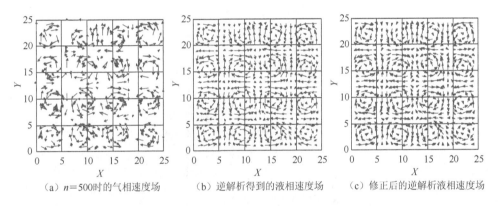

（a）n＝500时的气相速度场　　　（b）逆解析得到的液相速度场　　　（c）修正后的逆解析液相速度场

图 4.26　气相速度场 n=500 时逆解析得到的泰勒-格林涡

逆解析得到的液相全场速度场与真实液相速度场的相关系数随已知速度矢量气泡个数的变化曲线如图 4.27 所示。

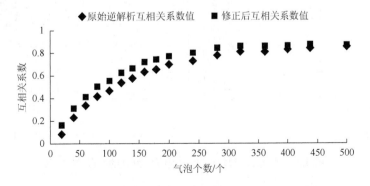

图 4.27　k=2 时逆解析公式修正前后互相关系数的比较

由图4.21~图4.27可以看出，气泡个数对逆解析得到流场的结果影响较大；随着气泡个数的增大，逆解析得到的流速场与泰勒-格林涡得到的液相流场更加吻合，两者的互相关系数值也随之增大；当随机选取的气泡个数达到一定程度时，两者的互相关系数的增大幅度下降。

3. $k=3$ 时的泰勒-格林涡

$k=3$ 时的泰勒-格林涡如图 4.28 所示。

取气相速度场中已知速度矢量气泡个数分别为 $n=20$，$n=60$，$n=120$，$n=240$，$n=360$，$n=440$，$n=500$，应用逆解析方法反求液相全场速度场结果如图 4.29~图 4.35 所示。

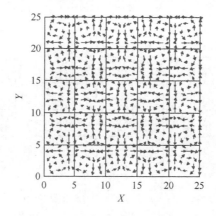

图 4.28　$k=3$ 时的泰勒-格林涡

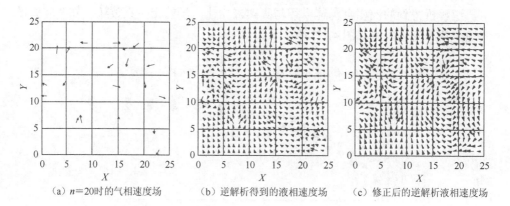

（a）$n=20$时的气相速度场　　（b）逆解析得到的液相速度场　　（c）修正后的逆解析液相速度场

图 4.29　气相速度场 $n=20$ 时逆解析得到的泰勒-格林涡

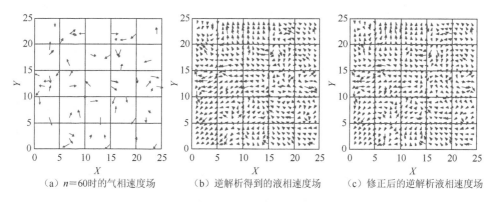

（a）$n=60$时的气相速度场　　　（b）逆解析得到的液相速度场　　　（c）修正后的逆解析液相速度场

图 4.30　气相速度场 $n=60$ 时逆解析得到的泰勒-格林涡

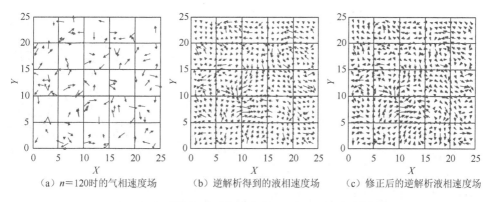

（a）$n=120$时的气相速度场　　　（b）逆解析得到的液相速度场　　　（c）修正后的逆解析液相速度场

图 4.31　气相速度场 $n=120$ 时逆解析得到的泰勒-格林涡

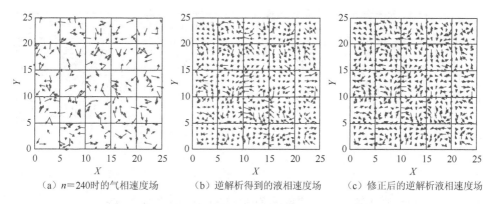

（a）$n=240$时的气相速度场　　　（b）逆解析得到的液相速度场　　　（c）修正后的逆解析液相速度场

图 4.32　气相速度场 $n=240$ 时逆解析得到的泰勒-格林涡

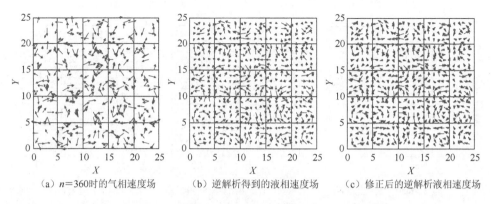

（a）n=360时的气相速度场　　（b）逆解析得到的液相速度场　　（c）修正后的逆解析液相速度场

图 4.33　气相速度场 n=360 时逆解析得到的泰勒-格林涡

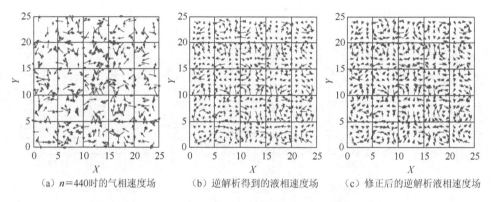

（a）n=440时的气相速度场　　（b）逆解析得到的液相速度场　　（c）修正后的逆解析液相速度场

图 4.34　气相速度场 n=440 时逆解析得到的泰勒-格林涡

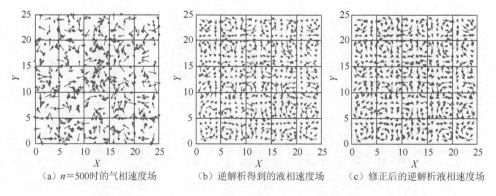

（a）n=500时的气相速度场　　（b）逆解析得到的液相速度场　　（c）修正后的逆解析液相速度场

图 4.35　气相速度场 n=500 时逆解析得到的泰勒-格林涡

逆解析得到的液相全场速度场与真实液相速度场的相关系数随已知速度矢量气泡个数的变化曲线见图 4.36。

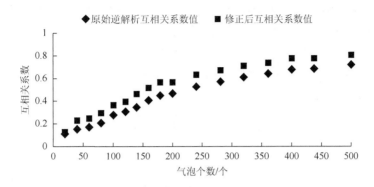

图 4.36　$k=3$ 时逆解析公式修正前后互相关系数的比较

图 4.37 为三种不同涡量波数下，逆解析得到的液相场与真实流场的互相关系数随已知速度矢量气泡个数变化的情况。

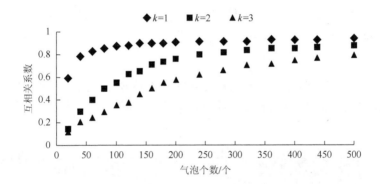

图 4.37　不同涡量波数下逆解析得到的液相场与真实流场互相关系数的比较

结果分析表明：①逆解析的效果随已知速度矢量气泡个数的增多而逐渐增大，刚开始非常显著，但增大到一定的程度时气泡个数对逆解析效果的影响不明显。②泰勒-格林涡在不同涡量波数时，在考虑速度对雷诺数的影响后，逆解析得到的液相场与真实流场之间的互相关性有了明显的增加，说明逆解析公式的修正提高了其计算的精度。③通过对不同涡量波数下，不同气相速度由逆解析得到的液相场与真实流场之间的互相关系数的比较，可以看出，当涡量波数为 1 时，使用逆解析方法精度最高。其原因是随着涡量波数的增加，在得到相同精度的情况下，重构速度场需要更多的粒子样本。

4.3.2　欧拉-欧拉模型验证逆解析

欧拉-欧拉模型，又称双流体模型，其原理是将每一相都看成是充满整个流场的连续介质，其中颗粒相是与流体相相互渗透的拟流体，它与连续相流体一样是采用欧拉坐标系中宏观连续介质原理中的质量、动量和能量守恒方程进行描述。它可以较为完整而严格地考虑颗粒相的各种湍流输运过程，能通过颗粒压力和颗粒黏性来分析颗粒间的相互作用（万甜，2009）。

欧拉-欧拉模型的两相混合物的基本方程如下。

（1）连续性方程：

$$V\Delta_t(\overline{\rho_d} + \overline{\rho_c}) + \Delta\left[(\overline{\rho_d}v + \overline{\rho_c}u)A\right] = 0 \tag{4.44}$$

（2）动量方程：

$$V\Delta_t(\rho_m U + \overline{\rho_c}) + \Delta\left[A(\overline{\rho_d}v^2 + \overline{\rho_c}u^2)\right]$$

$$= -\overline{A}\Delta p + \rho_m gV + \Delta(\tau_d^R A) - \frac{1}{2}f_s\overline{\rho_d}v|v|P\Delta x - \frac{1}{2}c_f\rho_c u|u|P\Delta x \tag{4.45}$$

式中，ρ_d 和 ρ_c 分别为分散相和连续相的当地表观密度；v 和 u 分别代表分散相和连续相的运动速度；A 代表所计算流体的截面面积；τ_d^R 为分散相雷诺应力 (dispersed phase Reynolds stress)，且 $\tau_d^R = -\sum_k \overline{\rho_{d,k}}(\delta v_k)^2$；$c_f$ 为当地连续相的表面摩擦系数。

由此计算得到的气相流场和液相流场如图 4.38 所示。随机抽取已知速度矢量气泡个数，通过逆解析得到的液相场与真实流场利用式（4.41）计算互相关系数。

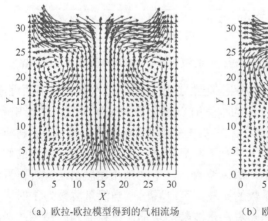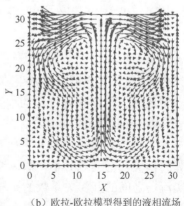

（a）欧拉-欧拉模型得到的气相流场　　　　　（b）欧拉-欧拉模型得到的液相流场

图 4.38　欧拉-欧拉模型流场图

取气相速度场中已知速度矢量气泡个数分别为 $n=20$，$n=100$，$n=150$，$n=200$，$n=300$，$n=400$，应用逆解析方法反求液相全场速度场结果如图 4.39～图 4.44 所示。

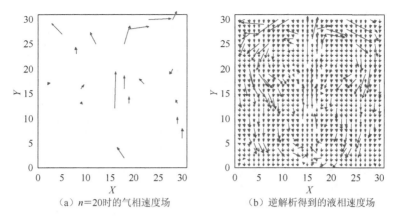

（a）n=20时的气相速度场　　　　　　　（b）逆解析得到的液相速度场

图 4.39　气相速度场 n=20 时逆解析得到的欧拉-欧拉模型液相流场

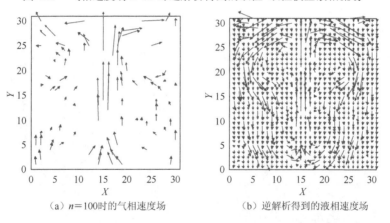

（a）n=100时的气相速度场　　　　　　　（b）逆解析得到的液相速度场

图 4.40　气相速度场 n=100 时逆解析得到的欧拉-欧拉模型液相流场

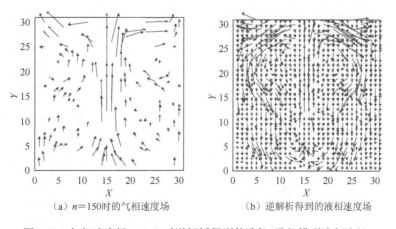

（a）n=150时的气相速度场　　　　　　　（b）逆解析得到的液相速度场

图 4.41　气相速度场 n=150 时逆解析得到的欧拉-欧拉模型液相流场

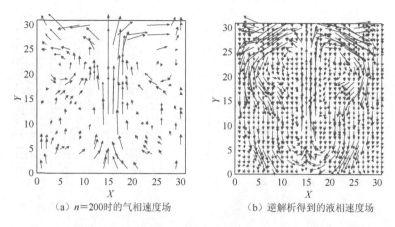

（a）n=200时的气相速度场　　　　　（b）逆解析得到的液相速度场

图 4.42　气相速度场 n=200 时逆解析得到的欧拉-欧拉模型液相流场

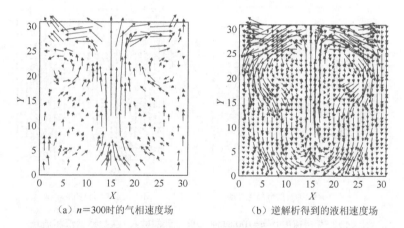

（a）n=300时的气相速度场　　　　　（b）逆解析得到的液相速度场

图 4.43　气相速度场 n=300 时逆解析得到的欧拉-欧拉模型液相流场

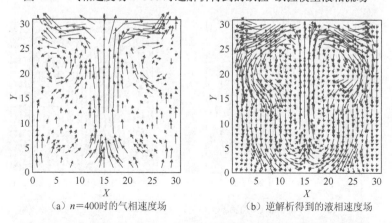

（a）n=400时的气相速度场　　　　　（b）逆解析得到的液相速度场

图 4.44　气相速度场 n=400 时逆解析得到的欧拉-欧拉模型液相流场

　　随着气泡个数的增多，逆解析得到的液相流场与模型得到的液相流场越来越吻合，同样也可以通过相关系数来表达（图 4.45）。

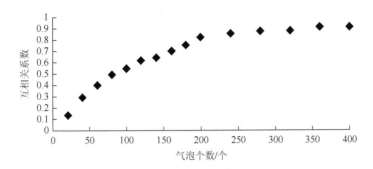

图 4.45　欧拉-欧拉模型验证逆解析液相流场的结果

　　当气泡个数较少时，逆解析得到的流场与原始模型计算得到的流场吻合精度不高；随着气泡个数的增加，两者的互相关系数也随之增大；当气泡个数达到 200时，互相关系数达到了 0.815，但是随后互相关系数增大的幅度降低；当气泡个数为 400 时，其互相关系数值达到 0.921。这说明液相速度可以通过两相流的逆解析方法成功计算出来。然而，也存在一些问题：只有当流体中分散相的气泡个数达到一定数量时，重建液相速度的精度才会更高。

　　逆解析方法的原理及两种方法对逆解析得到的液相流场的验证表明，在两相流中，连续相的速度可以通过分散相的速度直接推求出来，且气泡越密集，连续相的流场越接近真实流场。这解决了气液两相流 PIV 技术在实际应用中需要相分离的问题，进一步扩大了该技术的应用范围。

　　刘文宏等（2005）也采用泰勒-格林模型对气泡的运动轨迹进行了预测，并采用欧拉-欧拉模型对其结果验证。其中，局部空隙率设置为 5%，气泡半径为0.5mm，密度比为 0。图 4.46（a）显示气泡的轨迹图，灰色部分表示液相的流速，气泡在液体的旋转运动下螺旋形向上运动。图 4.46（b）显示了沿气泡轨迹液相的流速分布，相对于图 4.46（a）定性地描述了液相流速，图 4.46（b）定量地表述了液相的流速。

　　图 4.47（a）为 PIV 技术检测出的数据，从中随机选取 360 个气泡的速度矢量，利用逆解析的方法估算出液相速度场［图 4.47（b）］，可以看出拟合结果吻合较好。在逆解析方法中，考虑了升力，其升力系数 C_L= 0.5。该结论验证了逆解析法与PIV 后处理技术的结果，即通过逆解析算法，可以成功地重建液相速度场（刘文宏等，2005）。

　　互相关系数可应用在两相流算法的验证中。在图 4.48 中，C_t、C_u、C_v、C_w和 C_l 分别代表运动能量、水平速度分量、垂直速度分量、涡态流和气泡羽流流线函数。图 4.48 证实在测试范围的任何情况下，C_t、C_u、C_v、C_w 和 C_l 的互相关系数始终大于 0.7。由于气泡数目不够，C_w 明显低于其他值。在两相流中，采用当前算法可以成功计算出液相速度矢量，但需要足够数量的气泡来重建流速场（刘文宏等，2005）。

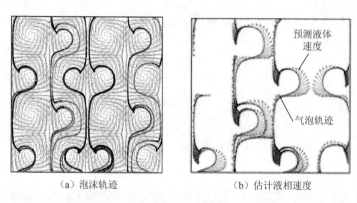

（a）泡沫轨迹　　　　　　　　　　（b）估计液相速度

图 4.46　估计的泰勒-格林旋涡流动（$k = 2$）

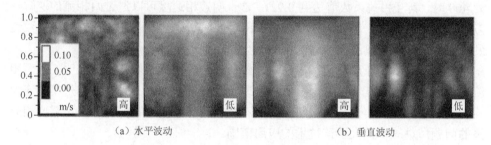

（a）水平波动　　　　　　　　　　　　（b）垂直波动

图 4.47　气液两相运动速度的模拟结果

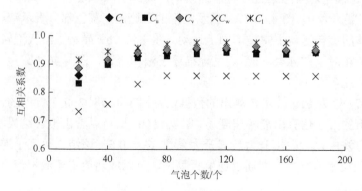

图 4.48　气液两相流中的相关性

$$f_p/(W/L)=9.0, \gamma=0$$

参 考 文 献

蔡毅, 由长福, 祁海鹰, 等, 2002. 模糊逻辑方法用于气固两相流动 PTV 测量中的颗粒识别过程[J]. 流体力学实验与测量, 16(2): 78-83.

赫荣威, 1988. 图像变换和图像质量改善[M]. 北京: 北京师范大学出版社.

李国亚, 2004. 有限水深横流中近壁水平圆柱绕流的实验研究[D]. 武汉: 武汉大学.

刘文宏, 程文, 村井祐一, 等. 2005. 气泡羽流中由气相流速 PTV 数据估算液相流场[C]. 成都: 全国水利学与水利信息学学术大会.

刘晓辉, 2006. 曝气池中气液两相流粒子图像测速技术及逆解析研究[D]. 西安: 西安理工大学.

邵雪明, 颜海霞, 辅浩明, 2003. 两相流 PIV 粒子图像处理方法的研究[J]. 实验力学, 18(4): 445-451.

石晟玮, 王江安, 蒋兴舟, 2008. 基于粒子成像测速技术的微气泡运动实验[J]. 测试技术学报, 22(4): 346-349.

万甜, 2009. 气液两相流气泡羽流图像处理及其运动规律的研究[D]. 西安: 西安理工大学.

王希麟, 张大力, 常辙, 等. 1998. 两相流场粒子成像测速技术(PTV-PIV)初探[J]. 力学学报, 30(1): 121-125.

BRÖDER D, SOMMERFELD M, 2002. An advanced LIF-PLV system for analysing the hydrodynamics in a laboratory bubble column at higher void fractions[J]. Experiments in fluids, 33(6): 826-837.

CERUTTI S, KNIO O, KATZ J, 2000. Numerical study of cavitation inception in the near field of an axisymmetric jet at high Reynolds number [J]. Physics of fluids, 12(10): 2444-2460.

DEEN N G, HJERTAGERA B H, SOLBERG T, 2000. Comparison of PIV and LDA measurement methods applied to the gas-liquid flow in a bubble column [R]. 10th International symposium on application of laser techniques to fluid mechanics, At Lisbon, Portugal, 1-12.

DEEN N G, WESTERWEEL J, HJERTAGERA B H, 2001. Upper limit of the gas fraction in PIV measurements in dispersed gas-liquid flows [R]. 5th international conference on gas-liquid and gas-liquid-solid reactor engineering, Australia.

DELNOIJ E, WESTERWEEL J, DEEN N G, et al., 1999. Ensemble correlation PIV applied to bubble plumes rising in a bubble column[J]. Chemical engineering science, 54(21): 5159-5171.

GUI L, WERELEY S T, KIM Y H, 2003. Advances and applications of the digital mask technique in particle image velocimetry experiments [J]. Measurement science and technology, 14(10): 1820-1828.

IDO T, MURAI Y, YAMAMOTO F, 2002. Post-processing algorithm for particle tracking velocimetry based on ellipsoidal equations[J]. Experiments in fluids, 32(3): 326-336.

KIGER K T, PAN C, 2000. PIV technique for the simultaneous measurement of dilute two-phase flows[J]. Journal of fluids engineering, 122(4): 811-818.

KITAGAWA A, ASHIHARA M, MURAI Y, et al., 2003. Bubble-bubble interaction observed in a swarm of wall-sliding bubbles[C]. Tokyo: ASME/JSME joint fluids summer engineering conference.

KITAGAWA A, MURAI Y, YAMAMOTO F, 2001. Two-way coupling of Eulerian-Lagrangian model for dispersed multiphase flows using filtering functions[J]. International journal of multiphase flow, 27(12): 2129-2153.

LEGENDRE D, MAGNAUDET J, 1998. The lift force on a spherical bubble in a viscous linear shear flow[J]. Journal of fluid mechanics, 368(368): 81-126.

LINDKEN R, MERZKIRCH W, 2002. A novel PIV technique for measurements in multiphase flows and its application to two-phase bubbly flows[J]. Experiments in fluids, 33(6): 814-825.

MAGNAUDET J, RIVERO M, FABRE J. 1995. Accelerated flows past a rigid sphere or a spherical bubble. Part 1. Steady straining flow [J]. Journal of FLUID MECHANICS, 284(284): 97-135.

MAZZITELLI I, 2003. Turbulent bubbly flow[D]. Netherlands: University of Twente.

MEI R, KLAUSNER J F, LAWRENCE C J. 1994. A note on the history force on a spherical bubble at finite Reynolds number[J]. Physics of fluids, 6(1): 418-420.

SUGIYAMA K, TAKAGI S, MATSUMOTO Y, 2003. Translational motion of bubbles and particles in cellular flow[J]. International journal of heat and mass transfer, B, 69(680): 786-793.

TOKUHIRO A, MAEKAWA M, IIZUKA K, et al., 1998. Turbulent flow past a bubble and an ellipsoid using shadow image and PIV techniques [J]. International journal of multiphase flow, 24(8): 1383-1406.

第5章 曝气池中流体可视化的研究与应用

水体污染物的生物处理技术以其消耗少、成本低、工艺操作管理方便可靠、无二次污染等特点受到了人们广泛的重视。而曝气池是污水好氧生化处理系统中普遍采用的重要构筑物，曝气池中流体的运动规律直接影响曝气池内气–液–固三相的接触和混合效果，同时也影响曝气过程中气相中的氧气向液相中迁移转换的速率，进而会影响污水净化的效果和运行能耗。本章主要介绍流体可视化技术在曝气池气相、液相运动规律研究中的应用，并分析其运动规律对氧传质速度的影响。

5.1 曝气池装置与系统

曝气池中流体的主要运动是气液两相流的运动，而曝气池中气液流动过程是复杂的两相流问题。两相流问题存在的广泛性，正成为许多领域研究的热点。曝气池中气液两相流的实验研究，给气液两相流的研究注入了新的生机。它可以根据有限的实验数据，通过强有力的计算分析手段，演绎出各种不同工况下的流动图谱和流动细节。由于气液两相流动形态的无限拓扑性和湍流本身的复杂性，实验研究在气液两相端流的研究中仍然扮演重要角色。数值模拟是两相流研究中的另一种手段，在很大程度上减少了对实验的依赖性，使实验目的更偏重于对计算结果的验证和计算流体力学模型的检验与优化，但它尚不能完全取代实验研究。采用自行开发研制的圆柱型仿曝气实验装置，模拟不同工况下气泡羽流运动分布规律，通过图像及粒子追踪测速技术，记录并分析气泡羽流运动规律及速度分布，得出不同工况下气泡羽流的流动细节及速度分布，揭示气泡羽流在圆柱型曝气容器中气液两相运动的本质规律。

同时，曝气池中的氧转移规律会受到多种因素的影响，如曝气量、水流方式、曝气器类型、水质水温等，并影响溶解氧浓度。此处还讨论了各工况下气泡羽流运动分布规律与氧转移规律之间的相关关系，为气液两相流与传质规律的研究提供实验参考，也为曝气装置的优化设计提供依据（郭瑾珑，2000）。

5.1.1 装置模型

曝气池模型是自主设计并制作的仿曝气实验装置。气泡羽流实验观测系统主要由圆柱型仿曝气气泡羽流模拟系统及 PIV 技术的图像采集系统组成，在各系统的配合运行下，完成各工况气泡羽流模拟及图像采集工作，为后续气泡羽流的图像处理及速度场获取奠定基础。

整套实验系统的核心装置为圆柱型仿曝气池装置，如图 5.1 所示。装置主要由圆柱型曝气容器、矩形水箱、曝气器分布盘、气泡发生装置、气室等构成。圆柱型曝气容器由厚度为 1cm 的有机玻璃制作，高 700mm，内径 250mm。在圆柱型曝气容器外部罩有矩形水箱，同样使用厚度为 1cm 的有机玻璃制作,高 800mm。长宽均为 280mm。圆柱型曝气容器与矩形水箱构成了仿曝气实验装置的主体。曝气池装置主体与气泡发生装置之间由曝气器分布盘相连，分布盘上的曝气器绕中心环形布置，其布置半径 r 分别为 4.17cm、6.25cm 与 8.33cm，曝气器通过塑胶软管与逆止阀、控气阀及气室相连，实验装置各部件实图如图 5.2 所示。

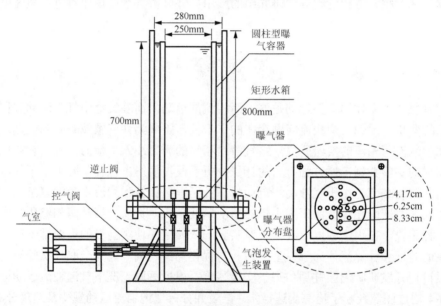

图 5.1　圆柱型仿曝气池装置

（a）气室　　　　　　　　（b）逆止阀　　　　　　　（c）曝气器分布盘

图 5.2　装置部件实图

装置运行时，供气设备通过进气硬管将带压气体送入气室。气室为圆柱型空心有机玻璃柱，通过气室内部的阻气罩帽，带压气体可由气室另一端定量、定速、定压均化输出，气体通过单独管路进入反应器体，供气管路为单向密闭通路，每个管路上均设置控气阀，可以控制气体流量的大小，在曝气器前段管路上还设置有逆止阀，保证装置运行时带压气体可以顺利通过而装置中的液体不会因压力作用反压回管路中，最终气体由曝气器输出气泡羽流，完成气泡羽流模拟。由于圆柱型曝气容器为有机玻璃柱材质，会造成光学折射，在其外部设置同材质矩形水箱，在两装置之间填充与其材质具有相同折射率的液体，可有效降低甚至消除圆柱型曝气容器因光学折射所带来的观测失真，保证外部观察和测量的真实性和准确性。

5.1.2　装置系统

1. 曝气池系统

圆柱型曝气池气泡羽流模拟系统由供水系统、供气系统和仿曝气池装置构成，见图 5.3。供气系统包括空气压缩机、压力控制器和流量计。供水系统包括水箱、单相漩涡自吸泵和微型增压泵。实验用水为自来水，其运动黏滞系数为 $10^{-6}\,\mathrm{m^2/s}$，密度为 $1000\,\mathrm{kg/m^3}$；气相为空气，其密度为 $1.28\,\mathrm{kg/m^3}$，实验温度为 $13\sim15\,\mathrm{℃}$。

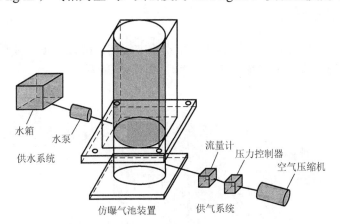

图 5.3　圆柱型曝气池气泡羽流模拟系统示意图

2. PIV 图像采集系统

PIV 图像采集系统主要由照明系统、影像记录系统组成，见图 5.4。照明系统光源使用两盏 1300W 卤素灯，采取背光体照明方式而不是传统的片光照明。图像记录系统采用高速 CCD 摄像机，镜头控制器可方便地进行光圈大小及镜头焦距的调整。图像摄取过程中，为了获得满意的图像质量还采取了以下两方面的措施。

一方面是在气泡羽流区域后侧的有机玻璃上蒙一层硫酸纸，主要有两个作用：第一，从背壁面透射过来的光很强，对相对较弱的气泡散射光产生了干扰，造成了很大的背景噪声，甚至掩盖了正常的测量信号，布置硫酸纸可以有效分散透射光，降低透射光对气泡散射光信号的干扰；第二，设置硫酸纸可以增强图像背景与透明水体及气泡的对比度，突出气泡的流动图像。另一方面是在反应器的背侧上下对称布置两个光源，并调整光路与流动平面间的夹角，使光源不致形成镜面反射且保证整个测试流场光照分布均匀。

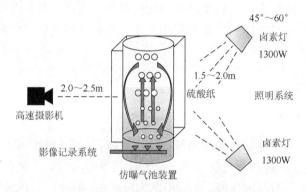

图 5.4　PIV 图像采集系统示意图

5.1.3　氧转移模型

氧转移实验部分使用气泡运动分布规律中相同的圆柱型曝气模拟系统，在之前装置的基础上增加了溶解氧测试装置，如图 5.5 所示。

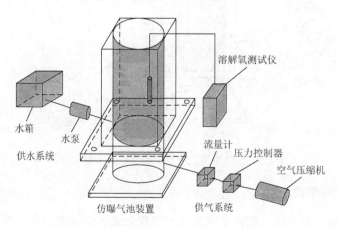

图 5.5　增加溶解氧测试装置的圆柱型仿曝气气泡羽流模拟系统图

溶解氧测试装置采用美国 HACH 公司的 HQ40-d 型溶解氧测试仪。HACH 溶氧仪采用荧光光纤传感器作为测量探头的主体。发光二极管（LED）发出的蓝光照射到荧光物质上，荧光物质被激发并发出红光。利用一个光电池检测荧光物质从发射红光到回到基态所需要的时间，同时检测与蓝光同步的红光回到基态所需要的时间作为时间参比，测量探头所在位置的溶解氧浓度越高，则经历的时间越短，根据换算关系可以计算出溶解氧的浓度。

5.2　曝气池中气泡运动规律

5.2.1　曝气量对气泡运动的影响

曝气量是影响气泡羽流运动规律的主要因素，也是好氧生化处理工艺控制的主要指标，它对气泡羽流的气相速度、气泡大小及运动分布规律会产生一定的影响。

此处设置相同的纵横比 h/w=1.5、相同的曝气器布置间距 d=6.25cm，对比曝气量 Q 分别为 50L/h、75L/h 及 100L/h 时，运用可视化技术分析其中气泡的运动规律，并经过计算得到对应的气相速度场。在纵横比一定的条件下，系统的压强与曝气量有一定的关系，当曝气量越大时，系统的压强也越大，即在曝气量为 50L/h、75L/h、100L/h 的条件下，对应系统的压强分别为 6.5kPa、7.0kPa、7.5kPa。

1.　不同曝气量下气泡运动形态

图 5.6 为纵横比为 1.5、布置间距为 6.25cm 时不同曝气量所产生气泡的运动规律图。由图 5.6 可以看出，当曝气量为 50 L/h 时，气泡羽流在液相中的分布较为稀疏，所形成的螺旋状结构的摆动周期较大，但摆动幅度较小。由于曝气量较小，气泡群脱离曝气器时的初速较小，气泡羽流在流场底部运动形态稳定，未受各羽流柱间的吸引作用影响，在上升过程中有轻微弥散，形成倒锥状的螺旋体结构，并从中部开始向羽流中心区集中，整个羽流结构较为稳定，并且液相紊动不明显。当曝气量为 75 L/h 时，气泡羽流中的气泡密度开始增大，气泡群脱离曝气器后受压力与液相剪切的共同作用，在流场底部呈稳定的周期性摆动，并沿中心线螺旋上升，气泡羽流上升到流场中上部时开始向羽流中心区集中，在靠近液相表面部分有轻微弥散，这样有利于在增加液相紊动的同时提高气相与液相的接触面积与时间。当曝气量为 100 L/h 时，气泡羽流在液相中的分布明显稠密，但各气泡羽流柱在整个流场中相互影响较小，各自沿中心线成螺旋状上升，无明显周期性摆动。由于曝气量较大，气泡羽流在上升过程中弥散作用比较明显，靠近液相表面部分的螺旋体直径明显大于靠近曝气器部分的螺旋体直径，气泡羽流结构不稳定，未能使液相形成稳定的环流，不利于液相的循环以及与气相之间的液面更新。

（a）Q=50L/h　　　　　　（b）Q=75L/h　　　　　　（c）Q=100L/h

图 5.6　不同曝气量下气泡运动规律图

2. 不同曝气量下气泡瞬时速度场

图 5.7 为纵横比为 1.5、布置间距为 6.25cm 时，不同曝气量所产生气泡的瞬时速度场图。由图 5.7 可以看出，当曝气量为 50 L/h 时，整个气泡羽流流场稍显收缩，气泡羽流在流场底部运动稳定，在流场中上部开始向四周扩散。在方向上，气泡羽流在流场中上部摆动明显，由于曝气量较小，流场底部曝气器出口气相速度略高于中上部，随着气泡群受液相阻滞与浮力等的共同作用，气泡羽流在上升过程中气相速度逐渐呈均匀分布。当曝气量为 75 L/h 时，整个气泡羽流流场分布较为均匀，气泡羽流在流场底部稳定上升，从中上部开始各羽流柱开始向羽流中心区集中，接近液相表面时向四周逸散。在方向上，气泡羽流在上升过程中有轻微摆动，气泡羽流速度场分布均匀，所形成的气泡羽流形态易于在顶部液相区形成稳定的环流，提高液面更新效率。当曝气量为 100 L/h 时，整个气泡羽流流场稍显分散，气泡羽流在流场底部摆动明显，在中上部开始向四周扩散。在方向上，气泡羽流在上升过程中摆动较为明显，整个气泡羽流流场气相速度分布不均，流场中下部的气相速度明显偏大，这是气泡群初速较大而液相阻滞作用不明显造成的。曝气量较大，气泡羽流在上升过程中弥散作用比较明显，带来的液相紊动较强。

3. 不同曝气量下气泡的时均速度场分析

图 5.8 为纵横比为 1.5、布置间距为 6.25cm 时，不同曝气量所产生气泡的时均速度场图。当曝气量为 50 L/h 时，气泡羽流流场的分布较为收缩，各羽流柱间的吸引作用不明显，流场底部气相速度略高于中上部，约为 33.36cm/s；当曝气量

为 75 L/h 时，气泡羽流流场的分布收缩适中，气泡羽流在流场中上部向羽流中心区聚集明显，气泡羽流流场气相速度分布均匀，约为 34.75cm/s；当曝气量为 100 L/h 时，气泡羽流流场的分布较为扩张，各羽流柱间的仍有较明显的吸引作用，呈现流场底部气相速度略高于上部的现象，约为 36.14cm/s。

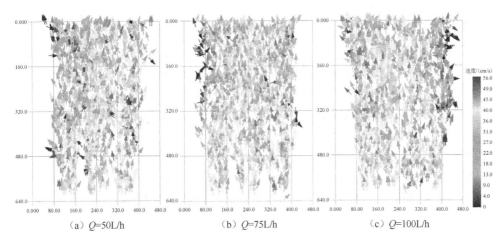

（a）Q=50L/h　　　　（b）Q=75L/h　　　　（c）Q=100L/h

图 5.7　不同曝气量下气泡的瞬时速度场图

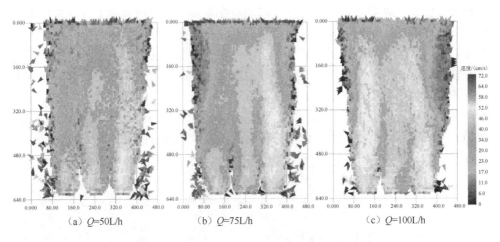

（a）Q=50L/h　　　　（b）Q=75L/h　　　　（c）Q=100L/h

图 5.8　不同曝气量下气泡的流场时均速度场图

通过对不同曝气量下气泡的运动规律、瞬时速度场、时均速度场进行分析，发现曝气量对气泡羽流的运动形态有着一定的影响。当曝气量较低时，气泡羽流结构收缩，各羽流柱间相互吸引较弱，气相速度较低，液相紊动较弱；当曝气量较高时，气泡羽流结构分散，运动形态不稳定，气相速度较高，带来的液相紊动过强。因此，在适当的曝气强度下，有利于在得到均匀的气泡羽流流场的同时得到稳定的液相循环。曝气量主要对气泡羽流的运动方式以及各羽流柱间的吸引作用影响明显，但是对气泡羽流气相速度场的分布影响相对较小。当曝气量为 75 L/h 时，气泡羽流结构相对稳定，带来的液相紊动适中，速度场分布均匀，有利于氧转移速率的提高。

5.2.2　纵横比对气泡运动的影响

纵横比是指实验装置的有效宽度与水深的比值。通过改变水深，可以改变纵横比。改变纵横比会改变曝气器的埋深位置，由于液相阻力和压力的作用，纵横比会对气泡羽流运动分布规律及结构稳定带来一定的影响。

此处设置相同的曝气量 Q=75L/h、相同的曝气器布置间距 d=6.25cm，对比纵横比 h/w 分别为 1.0、1.5 及 2.0 时，运用可视化技术分析其中气泡的运动规律，并经过计算得到对应的气相速度场。在曝气量一定的条件下，系统的压强与系统的纵横比有一定的关系，当纵横比越大时，系统的压强也越大，即在纵横比为 1.0、1.5、2.0 的条件下，对应系统的压强为 5.5kPa、7.0kPa、8.5kPa。

1.　不同纵横比下气泡的运动规律

图 5.9 为曝气量为 75 L/h、布置间距为 6.25cm 时不同纵横比下所产生气泡的运动规律图。当纵横比为 1.0 时，气泡羽流在流场底部呈螺旋状上升，未出现明显的周期性摆动，气泡羽流在流场上部靠近液相表面部分有轻微弥散，由于液相深度较浅，气泡羽流受液相阻滞不明显，主要受各羽流柱之间的吸引作用，运动形态较为稳定；当纵横比为 1.5 时，气泡羽流在螺旋状上升过程中的摆动周期增大，各羽流柱在流场底部之间的相互吸引作用不强，气泡羽流上升到中上部时开始向羽流中心区集中，由于液相深度增加，气泡羽流在上升过程中有轻微的弥散，但仍能保持完整的气泡羽流运动结构以及适当的液相紊动；当纵横比为 2.0 时，

(a) h/w=1.0　　　　　　　(b) h/w=1.5　　　　　　　(c) h/w=2.0

图 5.9　不同纵横比下气泡的运动规律图

气泡羽流在液相中仍有明显摆动，并呈规律的周期性，在流场中上部有向羽流中心区集中的趋势，在靠近液相表面部分稍显收缩，由于液相深度较深，气泡羽流在上升过程中运动形态稳定，但带来的液相紊动很小，不利于加快液相的循环及表面更新。

2. 不同纵横比下气泡的瞬时速度场

图 5.10 为曝气量为 75 L/h、布置间距为 6.25cm 时不同纵横比下所产生气泡的瞬时速度场图。当纵横比为 1.0 时，整个气泡羽流流场稍显收缩，气泡羽流在中下部上升过程中运动轨迹稳定，运动到靠近液相表面部分时才开始向四周扩散，由于液相深度较浅，液相阻滞作用不明显，流场底部曝气器出口气相速度略高于中上部，带来的液相紊动较强；当纵横比为 1.5 时，整个气泡羽流流场各部分速度分布较为均匀，气泡羽流在流场底部稳定上升，从中上部开始各羽流柱开始向羽流中心区集中，接近液相表面时开始向四周逸散，由于液相深度增加，液相阻滞作用增强，气泡羽流在上升过程中气相速度逐渐趋于均匀，气泡羽流运动轨迹稳定且具有周期性，易于在顶部液相区形成稳定的环流，提高液面更新效率；当纵横比为 2.0 时，气泡羽流流场各部分速度分布较为均匀，由于液相深度较深，液相阻滞作用比较明显，气泡羽流在上升过程中几乎近似于竖直上升，运动形态收缩，结构稳定，但带来的液相紊动较小，不利于液相形成稳定的循环。

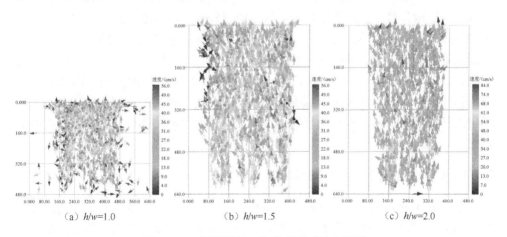

（a）h/w=1.0　　　　　（b）h/w=1.5　　　　　（c）h/w=2.0

图 5.10　不同纵横比下气泡的瞬时速度场图

3. 不同纵横比下气泡的时均速度场

图 5.11 为曝气量为 75 L/h、布置间距为 6.25cm 时不同纵横比下所产生气泡的时均速度场图。当纵横比为 1.0 时，气泡羽流流场的分布较为收缩，泡羽流流场气相速度分布均匀，约为 32.81cm/s；当纵横比为 1.5 时，气泡羽流运动形态稳

定，在流场中上部各羽流柱之间的吸引作用较明显，气泡羽流流场气相速度分布均匀，约为 34.75cm/s；当纵横比为 2.0 时，气泡羽流有轻微摆动，各羽流柱之间的相互作用较小，气泡羽流流场气相速度分布均匀，约为 37.80cm/s。

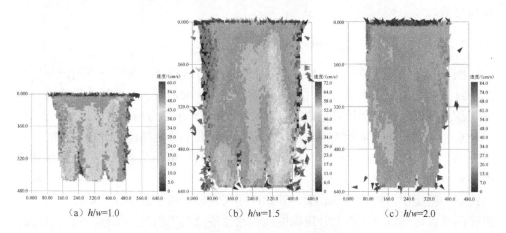

（a）h/w=1.0　　　　　　　　（b）h/w=1.5　　　　　　　　（c）h/w=2.0

图 5.11　不同纵横比下气泡的时均速度场图

通过对比不同纵横比下气泡的运动规律、瞬时速度场以及时均速度场发现，纵横比对气泡羽流的气相速度及形态分布有着一定的影响。当纵横比较低时，气泡羽流结构收缩，气相速度较低，不利于带来适当的液相紊动；当纵横比较高时，气泡羽流结构分散，相互作用较小，气相速度较高，但气泡羽流摆动较小，不利于液相形成稳定的循环。因此，适当的纵横比更有利于得到适当的气相速度，同时提供适当的液相紊动和循环，提高氧传质速率。纵横比主要对气泡羽流的稳定结构以及各羽流柱间的吸引作用产生影响，且对气泡羽流的速度场分布影响较大。当纵横比为 1.5 时，气泡羽流速度场分布相对均匀，带来的液相紊动适中，在流场中上部形成的各羽流柱间相互吸引更有利于带来稳定的液相环流，增加液面更新效率。

5.2.3　曝气器布置间距对气泡运动的影响

曝气器布置方式是指在好氧曝气装置中，多个曝气器在曝气装置中的位置分布，如环形布置、十字形布置、单侧布置等，以及各个曝气器之间的相隔距离。实验表明曝气器布置方式会对气泡羽流运动及分布形态产生影响。

此处设置相同的曝气量 Q=75L/h、相同的纵横比 h/w=1.5，对比曝气器布置间距 d 分别为 4.17cm、6.25cm 及 8.33cm 时，运用可视化技术分析其中气泡的运动规律，并经过计算得到对应的气相速度场。在曝气量、纵横比一定的条件下，系统的压强保持 7.0kPa 不变。

1. 不同间距下气泡的运动规律

图 5.12 为曝气量为 75 L/h、纵横比为 1.5 时不同布置间距下所产生气泡的运动规律图。当曝气器布置间距为 4.17cm 时，曝气器布置较为集中，气泡羽流收缩在曝气容器中部，产生的气泡羽流在底部沿中心线上升，形成螺旋体，在底部区域向内收缩，并伴随羽流表面和内部的轻微摆动。当气泡羽流升至中部时，开始向四周扩散，形成下部收缩上部扩散并伴随摆动的不稳定结构，靠近液相表面部分的螺旋体直径明显大于靠近曝气器部分的螺旋体直径，羽流周期性变化不明显，这是多股羽流之间距离过近导致相互吸引并伴随振动造成的。当曝气器布置间距为 6.25cm 时，曝气器布置位置居中，气泡羽流均匀分布于整个流场，流场底部气泡羽流较为稳定，运动变化主要集中在中上部，羽流从中部开始出现摆动，并向上部羽流中心区靠拢，这样有利于在液相顶部区域形成环流，增加气泡与液相的接触时间和面积。当曝气器布置间距为 8.33cm 时，曝气器布置较为分散，各股气泡羽流在整个流场中分布较为孤立，互相影响较小，各自沿中心线呈螺旋状上升，曲折摆动不明显，对液相紊动影响不大。

　　(a) d=4.17cm　　　　　　　　(b) d=6.25cm　　　　　　　　(c) d=8.33cm

图 5.12　不同间距下气泡的运动规律图

2. 不同间距下气泡的瞬时速度场

图 5.13 为曝气量为 75 L/h、纵横比为 1.5 时不同布置间距下所产生气泡的瞬时速度场图。当曝气器布置间距为 4.17cm 时，整个气泡羽流流场过于收缩，速度场分布不均匀，底部气相速度略高于中上部。在方向上，可以看到气泡沿羽流中心线曲折上升的过程，气泡在容器底部的运动比较集中，上升到中部时开始向四周扩散，直至溢出容器，导致气泡羽流顶端结构不稳定，且未能使液相形成稳定

的环流，不利于氧传质速率提高。当曝气器布置间距为 6.25cm 时，气泡羽流流场各部分速度分布较为均匀。在方向上，气泡羽流在上升过程中，从中部开始向羽流中心区集中，这样容易在顶部液相区域形成稳定的环流，有利于增加气泡与液相的接触面积和时间。当曝气器布置间距为 8.33cm 时，整个气泡羽流速度场呈均匀分散分布，气泡羽流底部速度略高于中上部速度，各股羽流运动相对孤立，互相影响较小。在方向上，气泡羽流在上升过程中几乎近似于竖直上升，不利于气泡与液相的接触面积和时间的增加。

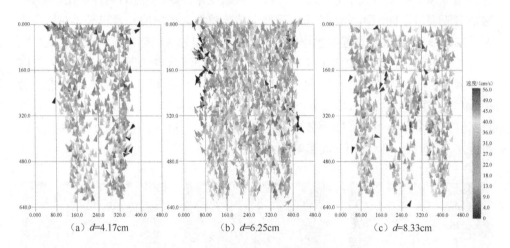

（a）d=4.17cm　　　　　　（b）d=6.25cm　　　　　　（c）d=8.33cm

图 5.13　不同间距下气泡的瞬时速度场图

3. 不同间距下气泡的时均速度场

纵横比为 1.5、曝气量为 75L/h 时，三种曝气器布置间距所产生的气泡时均速度场如图 5.14 所示。当曝气器布置间距为 4.17cm 时，气相流场的分布较为收缩，最高速度区域出现在流场底部，约为 36.14cm/s，气泡羽流速度受羽流间相互作用和液相阻力的影响，随羽流上升气相速度逐渐降低；当曝气器布置间距为 6.25cm 时，整个流场气相速度分布较为均匀，速度约为 34.75 m/s；当曝气器布置间距为 8.33cm 时，气相流场的分布较为分散，速度分布上呈现流场下部速度略高于上部，最高速度约为 37.53cm/s。

通过对比曝气器的不同布置间距下气泡的运动规律、瞬时速度场以及时均速度场发现，不同布置间距对气泡羽流运动结构及气相速度分布有明显影响。当曝气器布置间距为 6.25cm 时，整个流场气相速度分布较为均匀，带来的液相紊动适中，未出现速度分区的现象，且平均速度也小于其他两种工况，各羽流柱在流场中的吸引作用有利于液相形成稳定的环流，有利于增加气泡与液相的接触面积和时间，提高氧在液相中的传质速率。

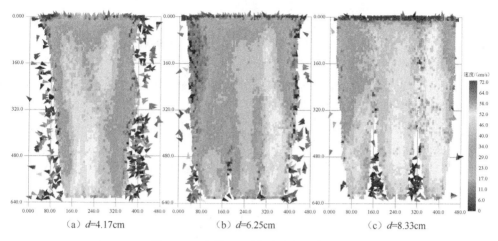

（a）d=4.17cm　　　　　　（b）d=6.25cm　　　　　　（c）d=8.33cm

图 5.14　不同间距下气泡时均速度场图

采用粒子图像测速技术研究纵横比、空隙率等参数对气泡运动规律的影响，结果表明，空隙率和纵横比也是造成气泡羽流结构不稳定的原因。当空隙率较大，纵横比为 1.0 时，气泡羽流呈现"冷却塔"式的结构，涡旋结构对称稳定，旋度较大，气泡在装置中停留时间最长，而紊动强度最小。氧气与水的接触时间和接触面积的增大，有利于提高氧气的传质效率，对优化曝气系统意义重大（万甜，2009）。并且发现，气泡在反应器中有最大的停留时间和较大的速度紊动强度，气泡会在混合液中强烈扩散、搅动，从而带动气液两相流处于剧烈搅拌状态，使得氧传递速率和效率大大提高（罗玮，2006；刘晓辉，2006）。程文娟（2010）也采用图像处理的方法对曝气池中气液两相流的流动规律进行研究，结果表明，压强、纵横比的变化会影响空隙率，进而影响到曝气池中气泡羽流的结构，从而影响到氧传质，最终会对水体中污染物的扩散产生一定的影响。当压强过大时，最大空隙率值会分布在反应器顶部的中心，气泡会迅速在羽流中上部聚集，运动速度加快并溢出水面，从而会形成"气泡幕"，造成羽流结构的不稳定且不利于氧传质，阻碍了污染物在水中的扩散；反之气泡的空隙率越小，气泡羽流越稳定。

5.3　曝气池中氧传质规律

在水处理过程中，氧的提供通常是通过曝气完成的，通过使水和空气混合，将氧从气液界面转移到水中。按照双膜理论，气相中的氧是依次通过气相侧的气膜和液相侧的液膜扩散到液相中的（Young et al.，2005）。氧的转移效率与氧分子在液膜中的扩散系数、气液界面的面积、气液界面与液相之间的氧饱和浓度差等参数成正比关系，与液膜厚度成反比关系（Chern et al.，2001），影响上述各项参数的因素也必然是影响氧转移效率的因素，如曝气量，气泡大小，水流方式，曝气器类型、埋深、布置间距及水质水温等（孙从军等，1998）。此处综合考虑各工况对水处理的影响，并结合 5.2 节对气泡运动分布规律的研究，选取了曝气量、纵横比和曝气器布置间距这三个相对独立的影响因素来分析不同实验工况下圆柱型曝气容器中清水曝气氧转移的规律。

研究氧转移规律需要用到下列参数并对部分参数进行修正。

1）氧总转移系数

氧总转移系数 K_{La} 是衡量水中溶解氧变化的重要指标（张炎等，2005）。

根据传递基本方程式：

$$\frac{\mathrm{d}C}{\mathrm{d}t} = K_{La}\left(C_s - C\right) \tag{5.1}$$

式中，K_{La} 为氧总转移系数；C 为溶解氧浓度（mg/L）；C_s 为溶解氧饱和浓度（mg/L）。

对式（5.1）积分得

$$\ln\left(C_s - C\right) = \ln C_s - K_{La} \cdot t \tag{5.2}$$

整理式（5.2）得

$$C = C_s\left(1 - \mathrm{e}^{-K_{La} \cdot t}\right) \tag{5.3}$$

由式（5.3）可知，水中溶解氧浓度 C 是曝气时间 t 的函数。通过实测水中溶解氧饱和浓度 C_s 值以及记录的随时间 t 变化的溶解氧浓度 C 值，根据式（5.2），利用回归法拟合出溶解氧浓度 C 随曝气时间 t 变化的 C-t 曲线，该曲线的斜率即为 K_{La} 的值。

2）氧转移效率

氧转移效率 E_A 是评价曝气装置动力效率的重要指标（赵静野等，2006）。

充氧能力 OC 计算公式为

$$\mathrm{OC} = K_{La(20)} \times C_{s(\text{平均})} \times V \tag{5.4}$$

式中，OC 为充氧能力（mg/h）；$K_{La(20)}$ 为水温在 20℃下的氧总转移系数（h^{-1}）；$C_{s(\text{平均})}$ 为实验条件下清水的平均溶解氧饱和浓度（mg/L）；V 为实验装置中清水的体积（L）。

氧转移效率 E_A 计算公式为

$$E_A = \frac{\mathrm{OC}}{N \times G_s} \tag{5.5}$$

将式（5.4）代入，得

$$E_A = \frac{K_{La(20)} \times C_{s(\text{平均})} \times V}{N \times G_s} \tag{5.6}$$

式中，E_A 为氧转移效率（%）；N 为标准状态下 1 m³ 空气中所含氧的质量（kg/m³），通常取 0.28；G_s 为曝气量（L/h）。

3）温度修正

水温对氧转移系数的影响较大，水温上升，水的黏滞性降低，扩散系数提高，液膜厚度随之降低，K_{La} 增高；反之，则 K_{La} 降低。为了方便各数据间的比较，必须进行温度校正，通常采用以下公式：

$$K_{La(20)} = K_{La(T)} \times 1.024^{(20-T)} \tag{5.7}$$

式中，$K_{La(20)}$ 为水温在 20℃下的氧总转移系数（h⁻¹）；$K_{La(T)}$ 为水温在实验温度 T 下的氧总转移系数（h⁻¹）；T 为实验时的水温（℃）；

由此可以看出，氧总转移系数 K_{La} 和氧转移效率 E_A 是曝气过程中最基本、最重要的指标参数，本节在进行圆柱型曝气装置中氧转移规律实验时，主要选取这两个参数作为衡量氧转移效果的指标，并在参数比较过程中对氧总转移系数做温度修正。

5.3.1　不同曝气量下氧转移规律

在曝气过程中，曝气量会对气泡大小、数量、气相速度、液相紊动等产生直接影响，继而影响氧在曝气容器转移的规律。结合 5.2.1 小节气泡羽流运动分布规律的实验，研究相同纵横比、相同曝气器布置间距条件下，曝气量对氧转移规律的影响。在清水条件下，利用溶解氧仪实时测量不同工况下曝气水体中溶解氧浓度随时间变化的结果，绘制 $\ln(C_s - C)$ 与时间 t 的相关曲线，求出 K_{La} 的值并对其进行温度修正。清水曝气中曝气量与 K_{La} 的实测关系如表 5.1 和图 5.15 所示，曝气量与 E_A 的关系如图 5.16 所示。

表 5.1　不同曝气量下清水曝气实验结果（$d = 6.25$cm）

$Q/(\text{L/h})$	h/w	$C_s/(\text{mg/L})$	$T/℃$	$K_{La(T)}/\text{h}^{-1}$	$K_{La(20)}/\text{h}^{-1}$	$E_A/\%$
50	1.0	10.18	15.1	4.7100	5.2904	4.71
75	1.0	10.17	15.3	6.4156	7.1721	4.26
100	1.0	10.17	15.2	7.4956	8.3994	3.74
50	1.5	10.18	15.4	4.1400	4.6172	6.17
75	1.5	10.17	15.3	5.9580	6.6606	5.93
100	1.5	10.18	15.2	7.1284	7.9879	5.34
50	2.0	10.14	15.5	3.7656	4.1897	7.46
75	2.0	10.14	15.3	5.4084	6.0461	7.18
100	2.0	10.17	15.4	6.6908	7.4620	6.65

　　分析在三组纵横比、相同曝气器布置间距条件下，随着曝气量的增加，氧总转移系数 K_{La} 和氧转移效率 E_A 的变化规律。在各纵横比下，氧总转移系数 K_{La} 随曝气量的增大而增加，而氧转移效率 E_A 基本维持恒定，但随着曝气量的增加，K_{La} 与曝气量并不是成简单的线性关系。

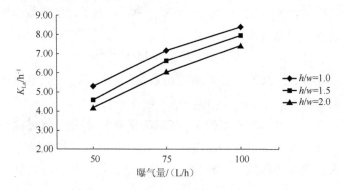

图 5.15　清水曝气中曝气量与 K_{La} 关系（$d = 6.25\text{cm}$）

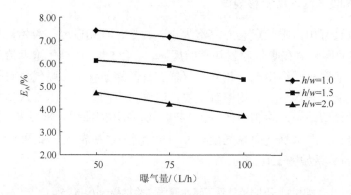

图 5.16　清水曝气中曝气量与 E_A 关系（$d = 6.25\text{cm}$）

　　氧总转移系数 K_{La} 随曝气量的增大而增加，是因为随着曝气量的增加，流场中的气相速度有所增加，即提高了气泡在流场中运行的线速度，使得在单位时间内通过液相流场的气泡数量增多，有利于增加气相与液相的接触面积，加快氧转移速率。但随着曝气量的继续增加，流场中气相速度进一步提高，在一定程度上气泡羽流在液相中的运动分布规律和停留时间会发生变化，气泡羽流在流场中的分布也趋于分散，液相紊动增强，流场气相速度分布趋于不均匀，以上变化均不利于气泡在液相中形成稳定的运动分布规律，且过强的液相紊动不利于液相形成稳定的循环，同时也会增加气泡间的碰撞和合并，降低气相与液相的接触时间和面积。因此，随着曝气量的进一步提高，K_{La} 未随曝气量的增加呈简单的线性增加，而是增加逐渐放缓，说明曝气量在清水曝气氧转移规律中起着重要作用，且气泡羽流运动分布规律也对氧转移规律具有一定的影响，与 5.2.1 小节的实验结果与分析较为吻合。

5.3.2 不同纵横比下氧转移规律

由于纵横比是实验装置的有效宽度与水深的比值，在同实验装置中，纵横比越大即容器中的水深越深。在曝气过程中，水深的变化会引起压力及气液界面面积等变化，继而影响氧在曝气容器转移的规律。冯俊生等（2007）就水深对曝气过程中氧总转移系数的影响展开研究，认为水深对氧总转移系数 K_{La} 有明显影响，水深越大，氧总转移系数越低。结合 5.2 节气泡羽流运动分布规律的实验，选取三组相同曝气量和曝气器布置间距，分析纵横比对氧转移规律的影响。在清水条件下，利用溶解氧仪实时测量不同工况下曝气水体中溶解氧浓度随时间变化的结果，绘制 $\ln(C_s - C)$ 与时间 t 的相关曲线，求出 K_{La} 的值并对其进行温度修正。清水曝气中纵横比与 K_{La} 的实测关系如表 5.2 和图 5.17 所示，纵横比与 E_A 的关系如图 5.18 所示。

表 5.2　不同纵横比下清水曝气实验结果（$d = 6.25\text{cm}$）

$Q/(\text{L/h})$	h/w	$C_s/(\text{mg/L})$	$T/℃$	$K_{La(T)}/\text{h}^{-1}$	$K_{La(20)}/\text{h}^{-1}$	$E_A/\%$
50	1.0	10.18	15.1	4.7100	5.2904	4.71
50	1.5	10.18	15.4	4.1400	4.6172	6.17
50	2.0	10.14	15.5	3.7656	4.1897	7.46
75	1.0	10.17	15.3	6.4156	7.1721	4.26
75	1.5	10.17	15.3	5.9580	6.6606	5.93
75	2.0	10.14	15.3	5.4084	6.0461	7.18
100	1.0	10.17	15.2	7.4956	8.3994	3.74
100	1.5	10.18	15.2	7.1284	7.9879	5.34
100	2.0	10.17	15.4	6.6908	7.4620	6.65

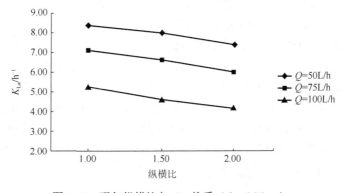

图 5.17　曝气纵横比与 K_{La} 关系（$d = 6.25\text{cm}$）

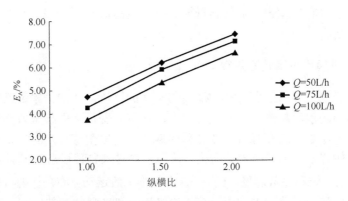

图 5.18　曝气纵横比与 E_A 关系（$d = 6.25$cm）

　　图 5.17 和图 5.18 分别展示了在三组不同曝气量、相同曝气器布置间距条件下，随着纵横比的增加，氧总转移系数 K_{La} 和氧转移效率 E_A 的变化规律。由图 5.17 和图 5.18 可知，在各曝气量下，氧总转移系数 K_{La} 随纵横比的增大而减小，而氧转移效率 E_A 随纵横比的增大而增加。

　　氧总转移系数 K_{La} 随纵横比的增大而减小是因为随着纵横比的增加，压力不断加大，饱和溶解氧 C_s 也随之不断增加，氧总转移系数 K_{La} 随水深的升高而不断减小。同时，根据式（5.6）计算出氧转移效率。

　　计算氧转移效率 E_A 的函数是关于液相体积 V 的增函数，纵横比的增加也会导致液相体积 V 的增加，因此造成氧转移效率 E_A 随纵横比的增大而不断增加。从实验结果来看，在不同纵横比条件下，液相压力与液相体积的变化是影响氧总转移系数 K_{La} 和氧转移效率 E_A 的主要因素，由纵横比改变带来的气泡羽流运动分布规律的变化是否对氧转移规律造成影响，则还需进一步的研究。

5.3.3　不同曝气器布置间距下氧转移规律

　　曝气器布置方式是指在好氧曝气装置中，多个曝气器在曝气装置中的位置分布以及各个曝气器之间的相隔距离。美国国家环境保护局制定的《微孔曝气系统设计手册》指出，格网形布置较单侧布置及十字形布置的氧传递速率高，证明曝气器布置方式对氧转移规律具有一定影响。结合 5.2.3 小节气泡羽流运动分布规律的实验，选取三组相同纵横比和曝气量，分析曝气器布置间距对氧转移规律的影响。在清水条件下，利用溶解氧仪实时测量不同工况下曝气水体中溶解氧浓度随时间变化的结果，绘制 $\ln(C_s - C)$ 与时间 t 的相关曲线，求出 K_{La} 的值并对其进行温度修正。清水曝气中曝气器布置间距与 K_{La} 的实测关系如表 5.3 和图 5.19 所示，曝气器布置间距与 E_A 的关系如图 5.20 所示。

表 5.3　不同布置间距下清水曝气实验结果（$Q = 75$ L/h）

$d/(cm)$	h/w	$C_s/(mg/L)$	$T/℃$	$K_{La(T)}/h^{-1}$	$K_{La(20)}/h^{-1}$	$E_A/\%$
4.17	1.0	10.14	15.1	5.4612	6.1342	3.64
6.25	1.0	10.17	15.3	6.4156	7.1721	4.26
8.33	1.0	10.18	15.2	5.7732	6.4693	3.84
4.17	1.5	10.17	15.3	4.7664	5.3284	4.74
6.25	1.5	10.17	15.3	5.9580	6.6606	5.93
8.33	1.5	10.14	15.4	5.4152	6.0394	5.37
4.17	2.0	10.17	15.2	4.3168	4.8373	5.74
6.25	2.0	10.14	15.3	5.4084	6.0461	7.17
8.33	2.0	10.14	15.4	4.5160	5.0366	5.98

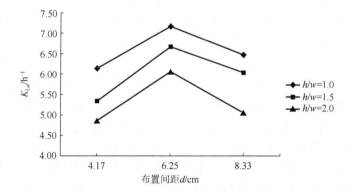

图 5.19　曝气器布置间距与 K_{La} 关系（$Q = 75$ L/h）

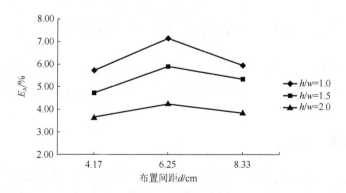

图 5.20　曝气器布置间距与 E_A 关系（$Q = 75$ L/h）

　　图 5.19 和图 5.20 分别展示了在三组不同纵横比、相同曝气量条件下，随着曝气器布置间距的变化，氧总转移系数 K_{La} 和氧转移效率 E_A 的变化规律。由图 5.19

和图 5.20 可知, 在各纵横比下, 氧总转移系数 K_{La} 随曝气器布置间距的变化而变化, 氧转移效率 E_A 也呈相似的变化规律; 当曝气器布置间距为 6.25cm 时, 氧总转移系数 K_{La} 和氧转移效率 E_A 要高于曝气器布置间距为 4.17cm 和 8.33cm 两种情况。

曝气器布置间距在曝气过程中主要对流场中气泡羽流运动分布规律产生影响, 结合 5.2.3 小节对气泡羽流运动分布规律的分析, 当曝气器布置间距为 4.17cm 时, 各羽流柱的吸引作用明显, 所形成的气泡羽流在流场中分布收缩, 气相的运动区域集中在液相流场中央, 不利于气泡与整个液相接触面积的增加, 同时在液相流场中, 气相速度场分布不均匀, 导致流场中溶解氧浓度分布不均匀, 在部分液相区域形成富氧区, 部分形成亏氧区, 影响氧传质速率。不稳定的气泡羽流结构带来过强的液相紊动, 不利于液相形成稳定的循环, 也增加了气泡间的碰撞和合并的概率, 降低了气相与液相的接触时间和面积, 最终导致氧转移效率变低。当曝气器布置间距为 6.25cm 时, 气泡羽流在流场中分布均匀, 各羽流柱间轻微的吸引作用有利于在流场顶端形成稳定的液相环流, 增加了气泡与液相接触面积和时间。气相在流场中速度分布均匀, 紊动适中, 有利于氧转移效率增高。当曝气器布置间距为 8.33cm 时, 气泡羽流在流场中分布较为分散, 气相在流场中速度分布不均匀, 各羽流柱间相互影响很小, 气泡羽流在上升过程中近似于竖直上升, 不利于液相形成稳定的循环, 带来的液相紊动也较小, 导致氧转移效率变低。因此, 当曝气器布置间距为 6.25cm 时, 流场中气泡羽流运动分布规律最有利于氧转移效率的提高, 氧总转移系数 K_{La} 和氧转移效率 E_A 要高于曝气器布置间距为 4.17cm 和 8.33cm 的两种情况, 证明不同曝气器布置间距会对清水曝气氧转移规律起到一定的作用, 与 5.2.3 小节的实验结果与分析较为吻合。

5.4　气泡运动对水处理效果的影响

基于 5.2 节和 5.3 节的实验, 对传统生物曝气滤池进行改造, 设置一种新型的基于好氧水处理工况模拟的仿曝气实验装置系统, 研究不同操作条件对污水处理效果的影响。

5.4.1　水处理装置图

实验装置如图 5.21 和图 5.22 所示, 采用气水同向的上流式单级曝气生物滤池, 主要由反应器、空气压缩机、水箱、水泵、计量设备构成。反应器主体由有机玻璃柱构成, 外径为 35mm、厚为 10mm、高为 2m。反应器与配水区之间由一个均匀进水布气板分隔开来, 进水布气板上按照粒径级配由大到小的顺序向上平铺着

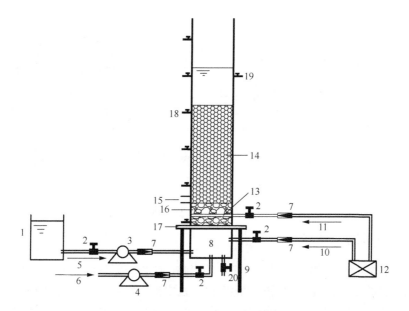

图 5.21　实验装置示意图

1-水箱；2-阀门；3-自吸泵；4-增压泵；5-污水进水；6-反冲洗进水；7-流量计；8-配水区；
9-托架；10-反冲洗进气；11-工艺进气；12-空气压缩机；13-穿孔曝气管；14-滤料；15-泄料
口；16-砾石承托层；17-均匀进水布气板；18-取样口；19-反冲洗出水口；20-放空口

图 5.22　实验装置现场图

粒径为 1～5cm 的鹅卵石承托层，承托层高度为 20cm，其上平铺着生物滤料。反应器由底部开始，每隔 30cm 依次向上设置 6 个取样口，曝气装置采用三排穿孔曝气管，材料是内径为 5mm 的不锈钢管，每根管上均匀分布着孔径为 2mm 的曝气孔，具体细节如图 5.23 所示（杨春娣，2008）。

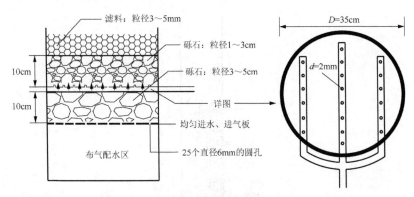

图 5.23　反应器局部细节

5.4.2　优化处理效果

　　本节内容仅考虑纵横比对气泡运动的影响，进而分析气泡的运动规律对污水处理效果的影响。此次使用的活性污泥来自于西安市污水处理厂厌氧池之前的回流污泥，污泥浓度（MLSS）为 5000mg/L，泥水混合物温度为 17～21℃；为了能够分析反应器中气泡的运动规律，采用自来水静水曝气；为避免水力负荷的影响，实验在静水中曝气；以污水中的 COD 的降解情况来表征污水的去除效果（杨春娣，2008）。

　　实验中采用自来水，其运动黏滞系数为 10^{-6} m^2/s，密度为 1000kg/m^3。设置通气管中的气体流量为 2.5×10^{-4}m^3/s，静水水面高度为 0.66m，系统内压强为 1.045atm*，曝气孔径为 0.8mm。设置装置中的水纵横比分别为 1.0、1.5、2.0，采用粒子图像测速技术对水体中气泡的运动进行检测，图 5.24 为水体中气泡的瞬时速度。

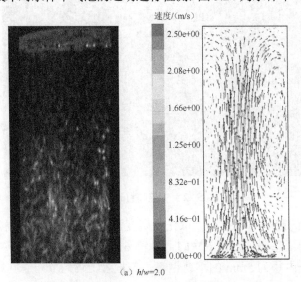

（a）$h/w=2.0$

---

* 1 atm=1.01325×10^5Pa。

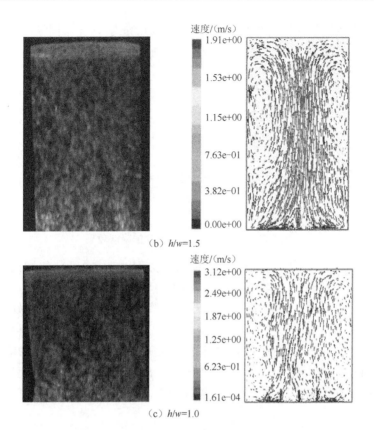

（b）h/w=1.5

（c）h/w=1.0

图 5.24　气泡运动瞬时速度场

不同纵横比下气泡的平均速度如表 5.4 所示。

表 5.4　不同纵横比下气泡的平均速度

h/w	$V/$(m/s)
2.0	0.22
1.5	0.23
1.0	0.22

由图 5.24 可以看出，不同纵横比下，气泡的运动状态相似：气泡在底部呈曲折运动上升，在上部许多气泡运动出现再循环，气泡羽流被破坏了，一部分气泡溢出装置，另一部分气泡进入涡旋结构，气泡羽流两侧出现不稳定涡旋结构。随着纵横比的减小，会在两侧产生涡旋结构，气泡快速溢出装置，导致水中停留时间变长。当纵横比进一步减小，气泡羽流两侧有明显的涡旋流动结构，一小部分气泡溢出装置，大部分气泡进入两侧稳定的涡旋结构，在装置中的停留时间最大（杨春娣，2008）。

　　实验中采用曝气孔径为 0.8mm，气流速度为 0.3m/s，对比不同纵横比（h/w=1.0、1.5、2.0）下 COD 的去除效果。图 5.25 为不同纵横比下 COD 的降解变化。

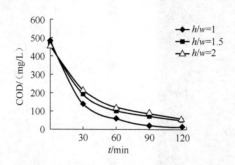

图 5.25　不同纵横比下 COD 的降解效果

　　从图 5.25 可以看出，在孔径为 0.8mm，气流速度为 0.3m/s，纵横比 h/w=1 时，气液两相流场的紊动轻度最大，涡旋结构最明显，气泡在水中的停留时间越长，气液两相混合最充分，相同时间内 COD 指标降解的效果最好（杨春娣，2008）。

　　采用该实验装置对污水的处理效果进行研究，发现气水比、滤料高度、污染负荷、水力负荷、水力停留时间等对反应器处理污水的效果会产生影响。可视化技术可以对水体中气泡的运动规律进行分析，确定水力停留时间最优工况，从而提高污水的处理效率，优化水处理装置（马腾，2011；韩祯，2010）。

参 考 文 献

程文娟, 2010. 气泡羽流孔隙率的计算及其不稳定规律的研究[D]. 西安: 西安理工大学.

杜向润, 孙楠, 王蒙, 2015. 基于 PIV 测量技术的变曝气量下气液两相流速度场研究[J]. 水利学报, 46(11): 1371-1377.

冯俊生, 万玉山, 2007. 鼓风曝气充氧性能与曝气器水深关系[J]. 环境工程, 25(1): 19-21.

郭瑾珑, 2000. 曝气两相流中氧传质的研究[D]. 西安: 西安理工大学.

韩祯, 2010. 两段式曝气生物滤池处理含石油废水的试验研究[D]. 西安: 西安理工大学.

刘晓辉, 2006. 曝气池中气液两相流粒子图像测速技术及逆解析研究[D]. 西安: 西安理工大学.

罗玮, 2006. 曝气池中气液两相流 PIV 实验研究及数值模拟[D]. 西安: 西安理工大学.

马腾, 2011. 上流式曝气生物滤池——BAF 处理分散型生活污水的研究[D]. 西安: 西安理工大学.

孙从军, 陈季华, 1998. 水温对氧转移速率的影响研究[J]. 环境科学研究, 11(4): 13-15.

万甜, 2009. 清水曝气系统气泡羽流图像处理及其运动规律的研究[D]. 西安: 西安理工大学.

万甜, 程文, 刘晓辉, 2007. 曝气池中气液两相流粒子图像测速技术[J]. 水利水电科技进展, 27(6): 99-102.

王蒙, 孙楠, 王颖, 等, 2016. 曝气池中气液两相流速度场分布的实验研究与数值模拟[J]. 水利学报, 47(10): 1322-1331.

杨春娣, 2008. 曝气生物滤池中曝气方式对污水处理效率的影响研究[D]. 西安: 西安理工大学.

张炎, 黄为民, 2005. 气泡大小对反应器内氧传递系数的影响[J]. 应用化工, 34(12): 734-736.

赵静野, 郑晓萌, 高军, 2006. 曝气充氧中氧总传质系数的探讨[J]. 北京建筑工程学院学报, 22(1): 11-13.

CHERN J M, CHOU S R, SHANG C S, 2001. Effects of impurities on oxygen transfer rates in diffused aeration systems[J]. Water research, 35(13): 3041-3048.

YOUNG K K, RA D G, 2005. Water surface contacting cover system-the basic study for improving the oxygen transfer coefficient and the BOD removal capacity[J]. Water research, 39(8): 1553-1559.

第6章 流场可视化应用实例

前面介绍了曝气池中流场可视化的相关研究,随着水利工程设施的大力兴建,水库、河流中许多工程技术问题的解决也需要借助流场可视化的技术方法。例如,研究水库中污染物的输移转化,大坝的渗流,水资源的调度以及在过鱼设施的优化设计,需要对流场信息和水力学特征有比较准确的把握。流场的可视化可以直观表现流体的水力学特性,其应用范围也越来越广。

6.1 流场可视化在水库研究中的应用

流体速度场(不可见)的定量测量是大部分流体研究学者要面临的难题,为了解决这一问题,流体可视化概念应运而生。流动(不可见,包括密闭构筑物中的流体和透明流体的流动)显示技术就是在透明或半透明的流体介质中施放某种物质,通过光学作用等使流动变成可见的技术。流动显示技术是研究基本流动现象、了解流动特性并深入探索其物理机制的一种最直观、最有效的手段,在流体力学研究中一直受到人们的重视,发挥着重要作用。

流场可视化是流体力学的重要组成部分,是随着科学可视化技术的发展而出现的分支。社会经济发展的过程中建立了大量的水工建筑物,但空蚀破坏严重影响水工建筑物的使用年限,对其内部空化、空蚀问题的研究离不开流场可视化技术。

6.1.1 水库堤坝的掺气减蚀研究

19世纪30年代,巴拿马麦登坝的泄水建筑物发生严重的空蚀破坏后,空化、空蚀问题的研究逐渐受到人们的重视。

空化是包含液相和气相的两相流现象。空化现象是水流在一定的温度条件下,当压强降低至饱和蒸汽压强时,水流内部的微小气泡发生汽化,进而发育成空化区域,随之会出现充满蒸汽和空气的空穴、空洞或空腔。水流内部这种运动过程包含液体内部气泡的初生到发育再到空泡溃灭,当局部压强升高时,如果这种空气气泡在距离边界附近发生溃灭,历时非常短,但会产生反复的冲击力作用于边界,当这种冲击作用大于边界材料抗破坏能力时即产生破坏,称为空蚀现象。因此说空蚀是结果,是空化破坏能力和边壁材料抗空蚀强度综合的结果;空化是过程,空蚀是由空化引起的。

　　对于空蚀机理的认识，一种观点认为是空泡溃灭所形成的冲击波对边壁造成的破坏形成的；另一种观点认为空泡溃灭时形成的微射流冲击壁面可能是造成壁面破坏的最主要原因。研究发现，泄洪建筑物发生空蚀破坏的原因主要涉及规划设计、施工质量和运行管理等方面。根据前人实践经验总结，发现容易产生空蚀破坏的位置主要分布在泄水道进出口、高压闸门门槽以及船闸廊道闸室，还有溢流坝反弧末端及其尾部底板、两侧边墙等位置。

　　大量研究结果表明，掺气可以减缓空蚀破坏。掺气减蚀机理是将掺气设施设置在高水头泄水建筑物的溢流表面上从而形成通气空腔，此时空腔中会产生负压强迫水流掺气，形成可压缩的水气两相流，这种保持一定掺气浓度值的水气两相流具有较大的压缩性，水流空化数相应提高，可在一定范围内减轻或避免空泡溃灭时产生的破坏。由于其研究的复杂性，基本都是通过理论研究、实验研究、数值模拟三种途径进行（储威威，2015）。

　　掺气减蚀措施最早应用于水力机械，一般分为坎式、槽式、组合式等类别。王林森等（2017）等对不同的水力条件下掺气设施布置形式的优化选择等相关研究进行了总结。掺气减蚀措施在高水头泄水工程中的应用是在 20 世纪 60 年代美国的大古力坝，该坝泄水孔锥形管出口处多次发生空蚀破坏，但在设置掺气槽后，空蚀破坏现象没有再发生。我国最早采用掺气减蚀措施的是冯家山水库的泄洪洞。

　　随着对掺气水流研究的不断深入，有学者提出水流近壁处掺气浓度是影响空蚀破坏的关键，气体在不同水流结构相互作用下，其运动情况是不同的，因此将平均掺气浓度作为减蚀效果指标并不合理。可见，气体在不同水流结构区的运动机理是研究局部掺气浓度的关键。郭燕鹤等（2017）采用水力学模型试验的方法，将水垫塘内水体进行水流结构分区，通过改变泄流流量、水流入射角度、水垫深度三个条件，实测水垫塘不同水流结构区（图 6.1）掺气浓度值，研究气体在不同水流结构区的运动机理。

　　在不同的泄流流量、水垫深度和水流入射角度下，淹没射流区的掺气浓度分布呈抛物线型。增大泄流流量时，淹没射流区掺气浓度增大；而增大水垫深度，淹没射流区掺气浓度反而减小。淹没射流区掺气浓度与水流入射角度的大小也有一定关系，其随着水流入射角度增大而减小。泄流流量越大，导致旋滚区掺气浓度越大。旋滚区掺气浓度与水流入射角度经拟合后近似为二次曲线关系。旋滚区掺气浓度与淹没射流区掺气浓度的变化一样，也是随着水流入射角度的增大而减小。泄流流量越大，附壁射流区掺气浓度越大，当泄流流量增大时，射流入水区域增大，射流与附壁射流区紊动掺混更加剧烈，导致卷吸进水体内的气体增多，使得附壁射流区掺气浓度随泄流流量的增大而增大（郭燕鹤等，2017）。Rutschmann等（1990）对掺气槽的体型优化做过比较系统的研究，但通过与原型实测资料的对比结果来看，误差很大。杨永森等（2000a，2000b）通过建立挑坎掺气槽坎高的目标优化函数和掺气设施水力特性的数学模型（实验中采用的跌坎掺气槽示意图见图 6.2），由数值计算求出通气量、空腔负压、空腔长度等水力参数，从而得出掺气槽的实际工作状况。

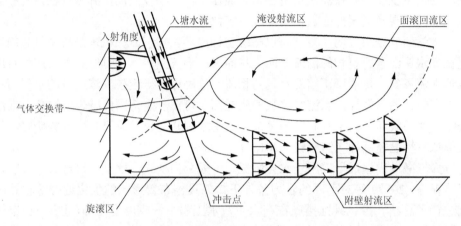

图 6.1　水垫塘不同水流结构区示意图（郭燕鹤等，2017）

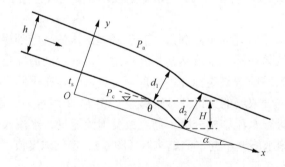

图 6.2　跌坎掺气槽示意图（杨永森等，2000b）

6.1.2　水库流场模拟研究

我国的水环境问题日益严峻，不仅威胁着人民群众身体健康，而且影响着供水区内的用水安全与水资源的可持续发展。为了满足各方面的用水需求，并高效利用有限的水资源，修建了许多水利工程，水库就是其中之一。它除了防洪蓄水之外，还可以起到城市供水、农田灌溉、水力发电、水产养殖等多种作用。但是，水库在修建的同时会对库区位置的生态环境造成一定的影响。水库的蓄水过程使得库区水位壅高，水面积扩大，水流流速降低，水体的自净能力受到一定程度的影响，水库水动力特征和热力学条件所产生的改变使其具有湖泊的水环境特性。

因此，深入开展理论研究与工程实践，研究水库流场水动力特性，探索各种污染物运动、迁移、转化规律，分析环境因素对水库水体运动的影响，调查水生生物在水库水生态修复中的角色，从各方面探索水库水质与水环境的保护措施具有十分重要的现实意义。同时，水库在建设的过程中往往需要大规模、高成本的投入，因此对坝体流场水力学特性的研究也是十分必要的。

王辉（2015）利用非结构化网格的 MIKE3 水动力模型，综合考虑风力作用、表层热通量以及入库径流等各种因素，建立了大伙房水库三维水动力模型，并通过测站水位和温度模拟值与实测值之间的对比验证了所建立的模型。图 6.3 为研究水库在恒定入流时表层流场分布的情况，经分析可知该时段表层、中层和底层流场中，无论是流速大小还是分布都没有明显的差别，且水库、库区中心至社河入流处区域均存在明显的环流，可见水库在风力、底摩阻、温度分层等各种因素作用下，中层水体和底层水体可能会出现较为复杂的流态。

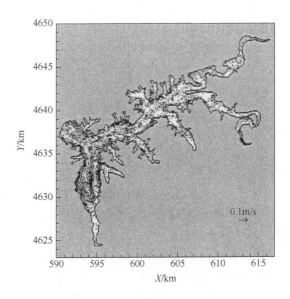

图 6.3 　水库恒定入流表层流场分布（王辉，2015）

王敏等（2016）以汤浦水库为例，研究了水库运行水位对入库河流中总氮、总磷等污染物迁移扩散的影响（图 6.4 和图 6.5）。研究发现，在低水位及对应的出库、入库流量下，总氮、总磷的扩散范围最小；高水位情况下，总氮、总磷的扩散范围最大，影响到出水水质；而在平水位条件下，污染物扩散范围介于两者之间。研究结果表明，可以通过调整水位运行方式、进出库流量来调整水库出水水质状况，为水库管理提供参考。

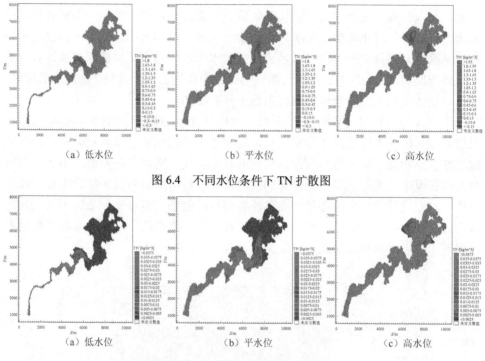

（a）低水位　　　　　　　　（b）平水位　　　　　　　　（c）高水位

图 6.4　不同水位条件下 TN 扩散图

（a）低水位　　　　　　　　（b）平水位　　　　　　　　（c）高水位

图 6.5　不同水位条件下 TP 扩散图

　　李彬（2011）应用 MIKE21 软件建立了平面二维数学模型，并利用概化模型对河道冲淤地形数据进行了模型验证，对"移动式不抢险管桩浅坝"导流作用进行了精细数值模拟研究。结果表明，所建模型能够满足模拟管桩浅坝不同透水率的精细研究要求，实现了管桩浅坝淹没状态的模拟；利用所建模型进行不同来流，透水率，网格精度以及单、双排管桩浅坝导流效果的模拟试验研究。数学模型计算结果如图 6.6 所示。

　　李梦杰（2015）采用 PIV 二维测速技术分析了组合礁体（HTSK-CN-3）模型的单体礁和单位礁在不同来流速度和布设间距下的流场效应，得到该种礁型的最佳摆放方式、布设间距及礁高水深比，并采用理论分析与模型试验相结合的方法，分析计算了组合礁体（HTSK-CN-3）和金字塔型礁体（HTR-25S 型、TR-10 型）在波浪和水流作用下所受的波流阻力，对其在 8 种不同波况和 6 种不同来流速度的工况下的受力情况、抗滑移系数和抗翻滚系数进行了研究，得到礁体在不同工况下的稳定性情况，同时结合现场观测结果对稳定性校核的结果进行了验证分析。分析表明这三种礁型抗滑移、抗翻滚性能比较好，投放后能长期维持其功能稳定不变；组合礁体的最佳布设间距为纵向 1.0D（李彬，2011）。

　　由水力学知识可知，堤坝的渗漏管涌入水口会产生微弱的水流场，但在汛期，这些微弱的流场被江、河以及水库的强大正常水流场所掩盖，用仪器直接测量出

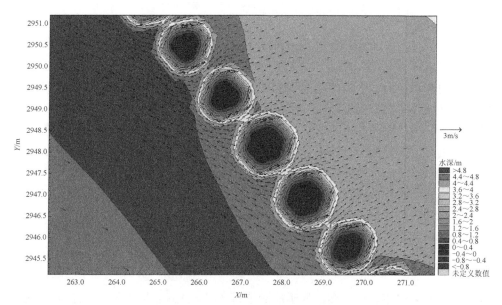

图 6.6　不同流量管桩浅坝模型计算结果（李彬，2011）

透水率 33%，流量 800m³/s，来流角度 45°

来几乎是不可能的。因此，只能通过间接方法来测量这些微弱流场的存在。早在 1918 年，苏联科学院院士巴甫洛夫斯基就提出用电流场比拟水流场，并进行了水电比拟试验。事实上，水流场和电流场的控制方程都为拉普拉斯方程，具有相同的数学形态，在空间分布上也具有相似的规律。2001 年，中南大学地球物理勘察新技术研究所采用流场法，对石牛滩水库大坝附近库内渗漏进水口（区域）的渗漏情况进行了探测，探测结果如图 6.7 所示。同时，采用自制的堤坝渗漏检测仪，对渗漏通道及渗漏的进水口进行了探测，共发现渗漏通道三条，与钻孔验证结果一致。探测结果对制订科学的处治方案起了关键的作用。近几年来的实际应用效果表明，流场拟合法能满足汛期快速探查堤防管涌的需要，并且准确率大大高于常规的检测方法，是目前国内汛期探测管涌最为有效的方法之一（刘文伟等，2014）。

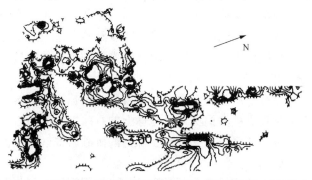

图 6.7　石牛滩水库库底流场等值线图（刘文伟等，2004）

6.2　流场可视化在水土保持研究中的应用

利用流体动力学中流体障碍物阻水形成减阻流和洪水泥沙受阻后流速减小、泥沙沉降以及压力水头可以穿过沙棘植物干枝结构空隙等原理，在山间沟壑之中种植沙棘，挟带泥沙的洪水通过沙棘植物时，使泥滞积于沙棘群丛上游或之中，从而达到治理沟壑的水土流失、拦截泥沙的目的。沙棘植物丛具有拦沙固沙的作用，并且可以过水，故称为植物"柔性坝"（王张斌，2008）。

运用粒子图像测速技术观测沙棘柔性坝的流场变化形态，基于粒子图像测速的基本原理，对沙棘野外试验基地的原有基础设施进行相关改造，使之具有室外流场图像采集的功能。

6.2.1　沙棘柔性坝概述

沙棘别名沙枣、醋溜溜，属于胡颓子科（Elaeanaeeae）沙棘属（*Hippophae*）的落叶灌木或小乔木，包括 6 个种（柳叶沙棘、江孜沙棘、肋果沙棘、西藏沙棘、沙棘等）和属于沙棘种的 12 个亚种（如中国沙棘、中亚沙棘、蒙古沙棘、俄罗斯沙棘等）。沙棘是一类生命力极强的灌木或小乔木，雌雄异株，其地理分布很广，可在东经 2°～123°、北纬 27°～69°生长，跨越欧亚大陆温带地区。沙棘能在瘠薄、盐碱、极低温的恶劣环境中茁壮成长，其根系庞大，枝叶繁茂，具有巨大的防风固沙、绿化山川、防止水土流失等作用，是一种优秀的生态植物。

黄河泥沙一直是困扰我国黄河中下游地区经济发展、人民生活巨大难题，我国老一辈泥沙专家钱宁教授认为造成黄河泥沙输移和淤积的根本原因是黄河流经的上中游干旱、半干旱地区存在着严重的水土流失，其中颗粒大于 0.05mm 的泥沙是造成下游河槽淤积的主要原因，而产生大于 0.05mm 的粗颗粒泥沙的核心地区是黄河上中游的砒砂岩区。该区地形破碎，植被稀少，气候干旱，降水量少而暴雨集中，且多大风沙暴，水土流失极为严重，生态环境极为脆弱。

为解决黄河流域水土保持工作的这一世界性的难题，20 世纪 80 年代，我国鄂尔多斯市引进了沙棘，发现这种植物能够适应砒砂岩这一生态环境。沙棘为落叶灌木或小乔木，是保持水土、防治荒漠化的重要先锋树种，是"地球癌症"砒砂岩的克星。1995 年，黄河上中游管理局和中国水利水电科学研究院联合立项，在内蒙古准格尔旗进行了沙棘治理沟道水土流失的示范工程。毕慈芬等（2013）提出以沙棘柔性坝来攻克被人们称为"地球上的月球"的砒砂岩地区水土流失问题。之后，黄河水利委员会正式立项，在裸露的砒砂岩地区开展沙棘种植试点项目，并获得了巨大成功。

开展沙棘柔性坝的研究具有重要意义：①可把粗泥沙就近拦截在千沟万壑之

中，不必经过长途输送至黄河下游。②用沙棘作为砒砂地区沟道植物柔性坝的主要框架材料，能起到拦沙、泄流、削峰、缓洪、溢流、抬高侵蚀基准、生态恢复等于一体的特殊功能。③能形成植物柔性坝，淤满后坝体不用再加高。④利用沙棘淤埋后根瘤能继续繁殖生长的特性，柔性坝可以自然生长加高，从而持续起拦沙、缓洪作用，可为坡面治理争取时间。⑤柔性坝是砒砂岩地区沟道骨干坝坝系建设的基础和主要组成部分，可为骨干坝减少淤沙库容，可形成蓄水水库，参与联合调水调沙。⑥柔性坝的试验研究可以作为延长现有淤积坝寿命的一种经济有效的措施。⑦沙棘可以作为砒砂岩地区乃至整个黄土高原干旱半干旱地区植物柔性坝最廉价的筑坝材料。⑧植物柔性坝可以加速该区的生态恢复，可改善群众生产生活条件。⑨可为创造生态经济型复合农牧业打好基础。⑩植物柔性坝与谷坊配置联合运用，不仅可以防止泥不出沟，而且能把暴雨洪水携带的泥沙进行天然分选，为发展沟头林业和沟坡农业生产打下良好的基础，还可以实现水沙分治，形成一种可持续发展的砒砂岩地区支、毛沟治理的典型新模式。总之，沙棘是砒砂岩区人工生态恢复、改善恶劣环境、把泥沙就地拦截在千沟万壑中的绿色拦沙工程和调节水资源短缺的绿色水库的先锋，也是主要建坝框架材料，是根治这一地区水土流失和调节水资源的极其重要的生物资源。

6.2.2　可视化流场的获取

沙棘坝可视化模型是在沙棘野外试验基地进行的，该试验基地位于陕西省华县小华山水库左岸坡地。基地设施主要包括：沙棘柔性坝、蓄水池、消力池、试验床。试验地土壤为沙壤土，土壤有机质含量为 4.9%~6.34%，pH 范围为 8.16~8.23，呈碱性，粒径大于 5mm 的土壤占 1.34%，小于 5mm 的占 98.66%。

实验沙棘是胡颓子科的一种灌木，见图 6.8，它与其他灌木一样，具有发达的旁生枝，且在水动力作用下发生挠曲变形。

图 6.8　沙棘

坝型即柔性坝坝内沙棘种植方式。沙棘柔性坝种植方式主要有两种：行列对齐布置与行列交错（梅花型）布置，见图 6.9。图中 a（cm）为株距，b（cm）为行距，p 为行数，l（cm）为坝长。在室内进行梅花型布置和行列对齐布置的沙棘柔性坝阻水实验研究，并对阻水效果进行对比。实验采用装饰所用的绿色塑料树模拟沙棘，水位采用精度为 0.01cm 的水位测针量测，流场流速的测定选用直径为 3cm 的微型毕托管测量。对不同实验条件下的数据进行分析，发现梅花型布置种植的沙棘柔性坝阻水效果远优于对齐布置。

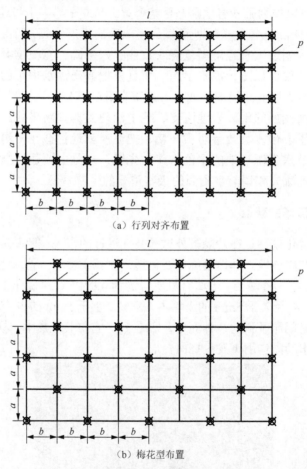

（a）行列对齐布置

（b）梅花型布置

图 6.9 沙棘种植方式图

本书中沙棘柔性坝的坝型即沙棘种植方式均采用梅花型布置方式，不做其他坝型的流场可视化研究分析。这里以 4 种不同梅花型布置方式沙棘柔性坝流场的可视化过程来介绍可视化流场的获得。其梅花型布置方式的沙棘种植参数见表 6.1，种植方式见图 6.10。

表 6.1　梅花型布置沙棘柔性坝的种植参数

坝体编号	排列方式($a×b×p$)	坝长/m	种植数/棵
1 号床	30cm×100cm×5	4	43
2 号床	40cm×100cm×8	7	52
3 号床	50cm×250cm×5	10	15
4 号床	30cm×150cm×8	10.5	52

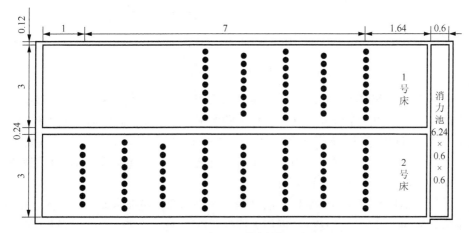

（a）1、2号床坝体

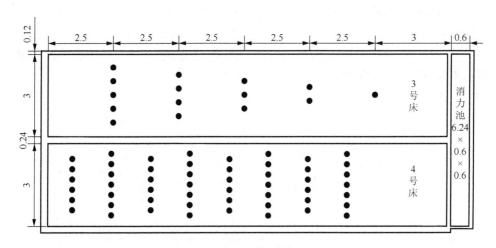

（b）3、4号床坝体

图 6.10　梅花型布置沙棘柔性坝的种植方式图（单位：m）

模拟用水为邻近水电站尾水，常年有水且水量充沛。运行前用引水管引入蓄水池。蓄水池布置如图 6.11 所示。沙棘坝床前消力池用于平稳水流，沙棘坝床墙顶标有刻度，可供读取所测断面位置。

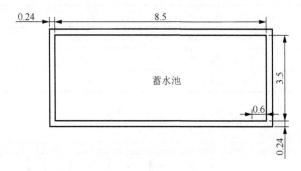

图 6.11　蓄水池示意图（单位：m）

传统的粒子图像测速技术采用高速摄像机作为粒子图像的采集系统。然而，由于高速摄像机的成本较高，这里的粒子图像采集系统采用佳能牌普通的数码摄像机替代 CCD 摄像机，该摄像机设置为每秒 30 帧的频率，满足检测的条件要求，同时也降低了实验研究成本。固定摄像机的支架由钢管搭建而成，试验系统如图 6.12 所示，实验场地如图 6.13 所示。

该沙棘柔性坝流场的可视化方法是基于粒子图像测速技术原理设计的，在流场中撒入跟随性和散射性良好的近似无扰的示踪粒子，以粒子速度代表其所在流场内相应位置处流体的运动速度，应用强光（片形光束）照射流场中的一个测试平面，用成像的方法（照相或摄像）记录下 2 次或多次曝光的粒子位置，用图像分析技术得到各点粒子的位移，由此位移和曝光的时间间隔便可得到流场中各点的速度矢量，并计算出其他运动参量（如流线速度矢量图、速度分量图等），从而得出流体局部的运动规律。

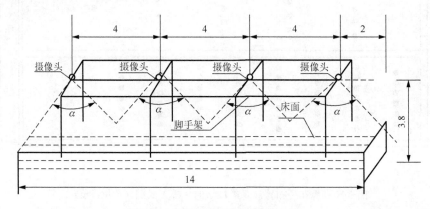

图 6.12　试验系统简图（单位：m）

图 6.13 实验基地现场照片

良好的光源是确保试验成功的关键因素之一。目前，这一先进技术仅用于获得某一平面上的流场，而这一流场平面在以前的实验中是通过采用特殊的线光源（一般采用激光发射器或者荧光灯等）照射以及示踪粒子反射形成的反射面而获得的。由于本次试验是在室外开展的，传统粒子图像测速技术中应用的光源已经不可能使用。通过比较分析，选用自然光。

示踪粒子的选择也是本次试验成败的关键因素之一。

（1）无论何种形式的 PIV 技术，其速度测量都依赖于散布在流场中的示踪粒子。示踪粒子的选择始终是粒子图像测速技术中的关键，其规则性、跟随性和光学性能直接影响测试精度。在 PIV 中，高质量的示踪粒子一般具体要求为：①相对密度要尽可能与实验流体相一致；②足够小的尺度；③形状要尽可能圆且大小分布尽可能均匀；④有足够高的光散射效率；⑤无蒸发，无电、磁反应，无毒。

（2）通常在 PIV 系统中大都采用固体示踪粒子，如聚苯乙烯及尼龙颗粒、铝粉、荧光粒子等，品质较高的高质量固体示踪粒子有花粉、镀银空心玻璃球、荧光粒子、尼龙粒子和三氧化二铝粉等。近年来研究的适用于水的示踪粒子有密度近似为 $1.059/cm^3$ 的球状白色粒子，提高了粒子光辐射效应的荧光粒子，表面镀银的空心玻璃球粒子，乳化泡粒子，液晶粒子等。适用于气体的示踪粒子有极轻的粉末粒子，TIOz 粒子以及雾化的油滴等。然而，上述示踪粒子普遍存在价格较为昂贵，回收率差的问题，使得将数字图像测速技术推广到室外应用范围受到限制，因此选取合适的粒子，降低使用成本，是解决 PIV 技术应用范围限制的关键。该试验采用的示踪粒子为反光性能良好，密度较轻，粒径大约为 10mm（直径）的圆形白色泡沫，并保证其各项指标基本满足试验要求。

采用每秒 30 帧频率可以满足数字图像序列系统要求的普通摄像机，将其固定在由钢管搭建而成的支架上来进行数字图像采集。

将蓄水池蓄满水，开启闸门以便水流进入试验床形成流场，用三脚架固定摄像机，使摄像机的镜头垂直于水面，距离水面约 3.5m，并使拍摄范围覆盖整个床面，调节好摄像机的曝光时间、光圈大小等参数，然后均匀撒播示踪粒子。根据实际需要，每个实验床设置 3～4 台摄像机，用搭建的脚手架固定在距床面约 3.5m 的床面中轴线上，各个摄像机间的距离以其镜头能够覆盖整个床面为宜，将摄像机状态调到拍摄档，开启摄像机，对均匀布满示踪粒子的流场进行拍摄。所采集的图像每间隔 3 帧采集 1 帧；截取试验中某一状态连续两个时刻所拍摄照片作为该区域原始流场图片。由于 1 号床和 3 号床沙棘柔性坝原始流场的图像序列不能满足设计要求，该实验主要以 2 号床和 4 号床沙棘柔性坝为研究对象。

经过一段时间的采集，可得到 2 号床沙棘柔性坝和 4 号床沙棘柔性坝的流场数字图片序列。为了降低流场后期分析计算的难度，尽量保持图像序列能真实反映各自区域的流场信息。所采集的图像见图 6.14。

在研究沙棘柔性坝流速变化时，为了得到整个试验过程中流速随流量变化的趋势，首先给出整个试验过程中流量的变化情况，但在实验过程中无法实测水流进入床面的流量变化情况。为了解决此问题，采用改变柔性坝供水蓄水池水位高低的方法来模拟试验过程中柔性坝内的流量变化。

PIV 的关键问题是要从连续的两幅图像中找出匹配粒子对。此处采用图像灰度分布互相关算法，该算法能够处理高密度粒子图像，多应用于二维，较难推广至三维，同时计算量非常大，只能用来理论上说明，实际应用受到很大限制，因此引入快速傅里叶变换来实现快速计算并采用亚像素拟合法进一步提高 PIV 的精度。

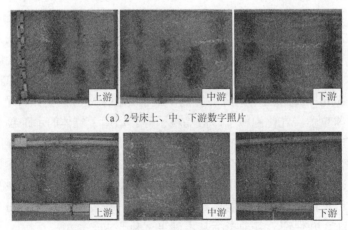

（a）2号床上、中、下游数字照片

（b）4号床上、中、下游数字照片

图 6.14　数字照片

基于该理论编制程序算法，可获得全流场表面流速。导入流场数字序列图片，采用 Matla 粒子图像测速程序软件计算流场，最后使用流场后处理软件（TecPlot）

绘制流场位移矢量图如图 6.15 所示。摄像机采集的瞬时图片数据及其对应的矢量图如图 6.16 所示。

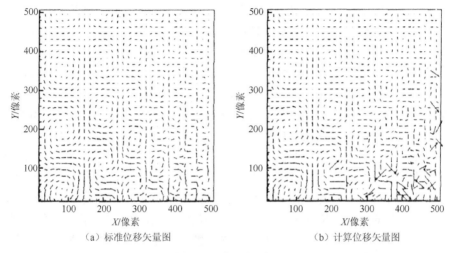

（a）标准位移矢量图 （b）计算位移矢量图

图 6.15 位移矢量图

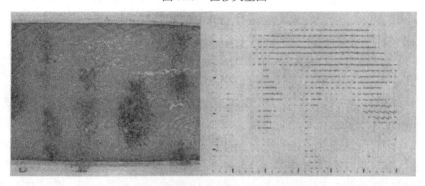

（a）2 号床中游瞬时数字图片及对应的矢量图

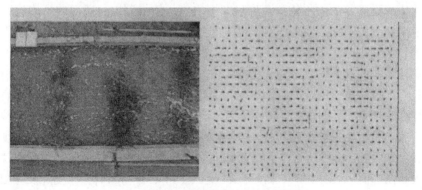

（b）4 号床上游瞬时数字图片及对应的矢量图

图 6.16 瞬时数字图片及对应的矢量图

6.2.3 流场的分析

漂浮在水面的示踪粒子随着水流的运动而运动,间接地反映出水流的流动状态,通过对示踪粒子观察就可了解到水流的流动情况。在对比段的示踪粒子呈片状分布,而沙棘柔性坝内的示踪粒子呈带状分布。对比段内无沙棘种植,水流只受到实验床边壁的阻滞作用,因而使得两侧流速慢、中间流速快且较均匀,示踪粒子随之呈片状分布。而当水流进入沙棘柔性坝后,受到沙棘的阻挡,水只能透过沙棘之间的缝隙流过,这就使得同一段面的流速出现了快慢不一致的情况,穿过两株沙棘之间的水流流速较沙棘后的水流流速大,示踪粒子被速度较快的水流裹挟而形成带状分布。沙棘柔性坝后一排沙棘的种植位置正对前一排沙棘两株之间的缝隙,水流每经过一排沙棘,水流就要被重新分布一次,从能量平衡的角度来看,这有利于水流能量的消耗。流速场矢量图(图 6.17)中的箭头表示在 0.073s 内在图上产生的位移,长度表示位移大小,箭头表示位移方向,带箭头线段越长,在相同的时间内位移也就越大。由于位移矢量与流速矢量的紧密关系,此时也可以认为图中反映的是流场的瞬时情况,其直观地反映了流场的分布情况。

总体来看,沙棘密度大、长势好的地方要比沙棘密度小、长势差的地方流速小,同排的两株沙棘间距较大时,它们之间容易形成较大流速的水流。如果多排沙棘在同一位置出现缺苗、少苗,沙棘柔性坝消能的作用就大大降低。因此,沙棘柔性坝在种植后期的看护与补栽是非常重要的。

当水流流过整个床面后随机选择某一时刻床内水流的瞬间流速作为研究对象。分别对各个摄像机相同时刻对应的图像进行截取,利用软件处理后便得到以网格节点流速表示的流速场。每个摄像机的焦距和像素不同,使得不同摄像机截图上划分出的网格大小有所差异,但基本能够保持在 10cm 左右。这样除了沙棘枝叶遮挡的断面没有测到流速以外,就将床面划分出多个断面,每个断面有 37 个流速值,剔除其中的零值和负值后取平均值,就得到这一断面的平均流速。由于沙棘柔性坝的存在,水流流速发生了较大改变,坝内最大流速仅为对比段最大流速的一半左右。在坝前流速逐渐减小,当水流流过第一排沙棘时(4m 的位置),流速迅速减小到极小值,而后又缓慢增加,这个结论与邱秀云等(2003)在室内水槽实验得到的结果一致。从更细微的角度观察,每排沙棘前后水流的变化也有一定的规律性,排前水流流速减小排后又逐渐增加,而且沙棘排后的流速会大于沙棘排前的流速。因此,根据流速的这一分布规律可将整个实验床划分为进口段、坝前壅水段和坝体段三部分(图 6.17 为 2 号床沙棘柔性坝上、中、下游瞬时数字图片及对应的矢量图,图 6.18 为 4 号床沙棘柔性坝上、中、下游瞬时数字图片及对应的矢量图)来进行研究。进口段为流速由小变大的阶段,坝前壅水段为流速由大变小的阶段,这两个区域的大小是相对变化的,它们随着柔性坝的坝长和沙棘种植密度而变化，坝体越长、沙棘密度越大，壅水段就越长，进口段就越短。坝体段流速变化丰富，可粗略划分为上游、中游和下游来探讨。在流向沙棘柔性坝的过程中，流速在迅速减小；当水流行进在柔性坝中游时，水流被沙棘枝、干、叶撞击，分散成漫流，流速显著减小；水流进入柔性坝体下游后，水流流速逐渐平稳，最后稳定在 0.4～0.6m/s。但个别沙棘排沙棘缺失严重，在缺口处形成较大的流速。

（a）上游

（b）中游

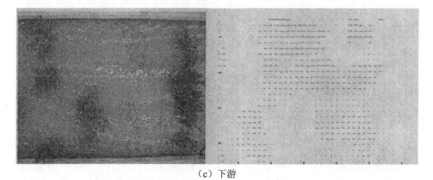

（c）下游

图 6.17　2 号床沙棘柔性坝瞬时数字图片及对应的矢量图

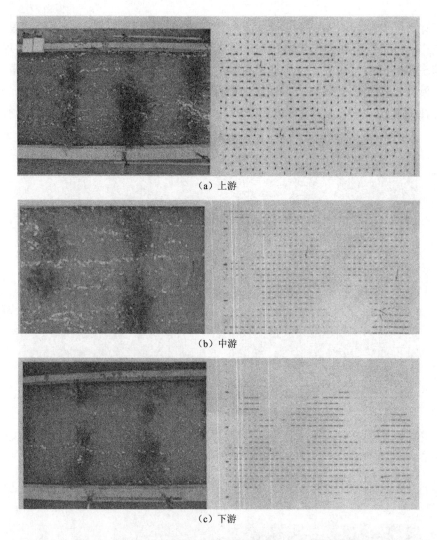

（a）上游

（b）中游

（c）下游

图 6.18　4 号床沙棘柔性坝瞬时数字图片及对应的矢量图

　　为了解整个放水过程中同一断面上流速的变化过程，运用体积法计算出蓄水池出流过程。同时，将对比段 1.5m 和坝内 4.5m、7.5m、10.5m、13.5m 处五个断面设为监测断面，分别在水流流过断面后开始测其流速，每隔 20s 左右测量一次，每个断面测 12 次，然后计算每个断面的平均流速。虽然各个断面水流流速存在较大的区别，但是其流速变化趋势基本相似。分析认为，1.5m 处断面流速为进口段流速，流速随着流量的增大而增大，随着流量的减小而减小，基本和蓄水池出流变化趋势相似；出现了全部监测断面上流速的最大值，这主要是因为对比段没有种植沙棘。故沙棘柔性坝对进口段水流没有影响。而在 4.5m 处，断面的坝前壅水段流速与进口段相比发生了较大改变，在沙棘柔性坝内水流又得到了重新分配。

在 7.5m 处断面处于沙棘柔性坝内的中游段，水流起伏波动较大，这可能是坝前布水和坝体的柔性共同作用造成的。相比之下，处在中游和下游 10.5m 和 13.5m 处的两个监测断面水流逐渐趋于平稳，有利于水中泥沙的沉降。由此可以看出，虽然每个监测断面经历了相同的流量过程，但因为沙棘柔性坝的存在，使得各个断面的流速变化过程并没有出现相似的规律，而在每个监测断面相邻一定范围内的断面上，流速的变化规律是一致的。

为计算柔性坝整个床面的流场，在图像预处理阶段研究了图像的拼接方法。同时基于遗传算法，采用面向对象的程序设计语言 VisualC-6.0 作为拼接软件开发和运行平台。流场分析中，摄像机型号不同，导致由实验所拍摄的图片无法拼接。为了得到整个床面的流场图，借鉴图像拼接的基本原理，对各个摄像机拍摄的图片序列计算的流场数据进行分析，并在此数据的基础上，将数字化后的流场进行拼接，其拼接结果如图 6.19 所示（Q=0.11m³/s）。水流自左向右流动，L 代表柔性坝床面的长度，B 代表柔性坝床面的宽度，箭头长度代表流速大小（0.34～1m/s），箭头方向代表流速方向。

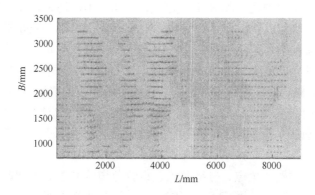

图 6.19　2 号床沙棘柔性坝全流场矢量图

6.3　流场可视化在过鱼设施优化中的应用

多种鱼类在其生命周期中需要依靠洄游来满足不同生活期对群落生境结构的要求。鱼类的洄游行为主要包括：补偿性溯河洄游、索巧性洄游、产卵洄游、海淡水洄游及降河洄游。鱼类洄游行为的成功实施与河流保持上、下游的连通性息息相关。鱼道作为一种过鱼设施，是新建水利工程的生态补救措施，虽然不能完全消除大坝引起的生态破坏，如河流生境的丧失或纵向连通性的丧失，但能在一定程度上减缓这些障碍物对生态的负面影响，从而增强水利工程的生态相容性。

6.3.1　鱼道研究进展

鱼道最早出现在 300 多年前的欧洲。原始的鱼道是开凿河道中的礁石、急滩等天然障碍以沟通鱼类的洄游路线，直到 100 年前才有了近代的鱼道设计。1909～1913 年，比利时工程师丹尼尔在水槽的槽壁和槽底设置了阻板和砥坎，减小了鱼道内部流速，称为"丹尼尔型鱼道"。1913 年，美国和加拿大在加拿大西部的弗雷塞河建成著名的"赫尔斯门鱼道"。1938 年在美国西部哥伦比亚河上建成的帮维尔坝，是美国一座拥有大规模现代过鱼建筑物的枢纽，也是世界上第一座拥有集鱼系统的过鱼建筑物。据不完全统计，截至 20 世纪 60 年代初期，美国和加拿大有过鱼设施 200 座以上，西欧各国 100 座以上，苏联 18 座以上，这些过鱼设施主要为鱼道，也有少量的机械提升设备。截至 20 世纪末期，鱼道建设得到重视，尤其在日本和北美发展较快，数量也较多，日本有将近 1400 座，北美也有 400 多座。其中，最高、最长的鱼道分别是美国的北汉坝鱼道（爬升高度 60m）和帕尔顿鱼道（全长 4800m）。

我国过鱼建筑物的建设和研究历史较短。1958 年在规划开发富春江七里垅水电站时，首次提及鱼道并进行了一系列的科学实验和调查。1960 年黑龙江省兴凯湖建成了新开流鱼道，运行初期效果良好，在 1962 年又建成了鲤鱼港鱼道。1966 年江苏省大丰县斗龙岗鱼道建成，推动了江苏省低水头闸型鱼道建设。20 世纪 80 年代，在江苏、浙江、上海、安徽、广东和湖南等地相继建设了 40 余座鱼道。近年新建的鱼道则有安徽巢湖鱼道、湖北襄樊崔家营生态鱼道、浙江楠溪江鱼道、北京上庄新闸鱼道、西藏狮泉河鱼道、吉林珲春老龙口坝鱼道和曹娥江大闸鱼道等。

以前的鱼道（槽式鱼道、竖缝鱼道、组合鱼道等）主要由钢筋混凝土等材料建设，属于传统的工程鱼道范畴，这些工程鱼道的研究主要从鱼道池室的水力特性着手。20 世纪 70 年代出现了新型鱼道，通过采用天然漂石、沙砾、木头等来尽可能的模拟天然河流的水流形态。

鱼道的进口能否使鱼类较快的发觉和顺利地进入，是鱼道设计成败的关键。许多研究者对鱼道进出口的布置展开研究，进出口的布置应满足一定的规律：发现进口应布置在经常有水流下泄的地方，紧靠在主流的两侧；应位于闸坝下游鱼类能上溯到的最上游处；水流应平稳顺直，水质肥沃。出口能适应水库水位的变动；远离溢洪道，厂房进水口等泄水、取水建筑物；应傍岸，出口水流应平顺，流向明确，没有漩涡。出口的位置较进口而言稍微灵活些。

鱼道的结构影响着鱼道的流速、流态等水力学特性，关系着鱼类能否自由通过。不同种类的鱼或同种鱼类个体大小不同，它们的游泳能力也是不同的。将鱼类游泳的持续时间作为分类方法可以把鱼类游泳能力分为三种主要形式：爆发游泳速度（鱼类在该模式下至多可维持 20s）、耐久游泳速度（鱼类在该模式下可维持 20s～200min，最大耐久游泳速度又称作临界游泳速度）和持续游泳速度（鱼类在该模式下可维持大于 200min）。

鱼道的建设要满足一定的流速要求，但鱼道的设计又不能简单地只注重流速的大小，也应该研究鱼道流体的可视化，同时考虑鱼类的运动和休息条件。因此，池室的最大流速要小于鱼类的最大游泳能力，池室内流速的分布也是十分重要的参数。此处应用流场可视化技术对圆锥型溢流堰式鱼道内的流场进行分析。

6.3.2　鱼道流场可视化

鱼道中涉及的水流现象几乎都是紊流，为了鱼道的合理布置及掌握鱼道中的流场形态，以往的设计基本都是以水工模型实验为依据，耗费大量时间、人力和物力，而且受缩尺效应和实验场地影响较大，实验运行工况不能有效反映真实的水流情况。当坡度小于等于 5%时，水流有明显的二维特征。不同的坡度对应不同的水流形态，每种形态又均可分为射流区和回流区，主要紊动特征与平面射流区别明显。鱼道设计的目的不只是缓解大坝对经济型重要鱼类的影响，还要考虑鱼道对其他洄游性鱼类的影响，充分发挥鱼道的生态功能。开展现有鱼道建设及运行过程中的优化研究，对于整个水生生态系统平衡与稳定至关重要。

1.　鱼道模型设计

研究中设计的鱼道类型为圆锥型溢流堰式鱼道（图 6.20），全长 16m，高 0.7m，宽 1m，由钢化玻璃制成，其中圆锥型堰由有机玻璃制成，小头半径是 20cm，大头半径 40cm，堰中心位置之间的间距为 1.5m，进水口处设置有布水器，尾门可以调节开度。整个鱼道可以变坡度（0～2%），流量通过电磁流量计控制，最大流量为 100L/s。

设置水位介于高墩与低墩之间，在实验开始前调节供水水泵功率与下游闸门开度，待水流流态稳定后，开始观测池室水流流态与不同水深平面流速。为了避免所研究常规水池水流流态受水流进出口边界条件的影响，选择第二个和第三个墩子之间的常规水池作为研究对象。选取水深为 0.27m，采用流速仪从线 1 上的流速测试点一直测到线 16 上的流速测试点。在观察鱼道水流流态过程中，发现墩子处部分水流出现跌落现象，导致墩子处水流与两侧回流区水面出现轻微紊动。由于水质有些浑浊，较易观测到主流区与回流区内水流流动情况，墩子背面出现小漩涡，位置及强度不稳定。通过构建物理模型一方面可以观测鱼道内水流流态，另一方面也可以通过测量手段获取水池内的流场信息，观测结果可用于率定数学模型参数，验证模型可信度。

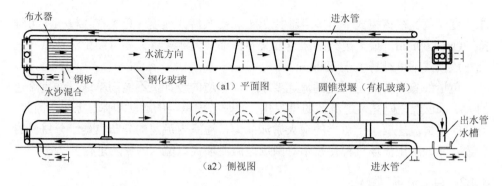

（a1）平面图

（a2）侧视图

（a）鱼道模型简图

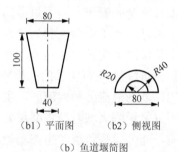

（b1）平面图　　（b2）侧视图

（b）鱼道堰简图

图 6.20　水槽和池堰式鱼道示意图（单位：cm）

2. 鱼道流场模拟

目前国内外在圆锥型溢流堰式鱼道方面做了大量数值模拟研究，积累了许多经验，应用 Fluent 6.3.26 可研究其中水流的水力特性。模拟中除了应用三大基本方程外，还涉及了 RNG $k\text{-}\varepsilon$ 湍流模型方程和 VOF 模型方程，为模拟结果的准确性提供了保证。

1）RNG $k\text{-}\varepsilon$ 湍流模型方程

RNG $k\text{-}\varepsilon$ 模型来源于严格的统计技术，与标准 $k\text{-}\varepsilon$ 模型很相似，但是有以下改进：RNG 模型在 ε 方程中加了一个条件，有效地改善了精度；考虑了湍流漩涡，提高了在这方面的精度。

RNG $k\text{-}\varepsilon$ 模型和标准 $k\text{-}\varepsilon$ 模型有相似的公式，k 和 ε 是两个基本未知量，与之对应的输送方程为

$$\frac{\partial(\rho k)}{\partial t}+\frac{\partial(\rho k u_i)}{\partial x_i}=\frac{\partial}{\partial x_i}\left[\left(\mu+\frac{u_i}{\sigma_k}\right)\frac{\partial k}{\partial x_j}\right]+G_k-\rho\varepsilon \qquad (6.1)$$

$$\frac{\partial(\rho\varepsilon)}{\partial t}+\frac{\partial(\rho\varepsilon u_i)}{\partial x_i}=\frac{\partial}{\partial x_i}\left[\left(\mu+\frac{u_i}{\sigma_\varepsilon}\right)\frac{\partial\varepsilon}{\partial x_j}\right]+C_{1\varepsilon}\frac{\varepsilon}{k}G_k-C_{2\varepsilon}\rho\frac{\varepsilon^2}{k}-R_\varepsilon \qquad (6.2)$$

RNG k-ε 模型和标准 k-ε 模型主要区别在于增加了以下项：

$$R_\varepsilon = \frac{\rho C_\mu \eta^3 \left(1 - \eta / \eta_0\right) \varepsilon^2}{1 + \beta \eta^3} \frac{\varepsilon^2}{k} \tag{6.3}$$

式中，$\eta = Sk/\varepsilon$，$S = \dfrac{1}{2}\left(\dfrac{\partial u_i}{\partial x_j} + \dfrac{\partial u_j}{\partial x_i}\right)$；$\eta_0 = 4.38$；$\beta = 0.012$。模型常数：$C_{1\varepsilon} = 1.42$，$C_{2\varepsilon} = 1.68$；其他常数：$C_\mu = 0.0854$，$\sigma_k = 1.0$，$\sigma_\varepsilon = 1.3$。

2）VOF 模型方程

在 VOF 模型中，不同流体组分共用一套动量方程，计算时在整个流场的每个计算单元内，记录下各流体组分所占有的体积率。VOF 模型适合于分层流或自由表面流，而混合物模型和欧拉模型适合于流动中有相混合或分离，或者分散相的体积分数超过 10%的情形，但是其只能使用压力基求解器。

VOF 模型方程为

$$\frac{\partial F}{\partial t} + \frac{1}{F}\left[\frac{\partial}{\partial x}\left(FA_x u\right) + R\frac{\partial}{\partial x}\left(FA_y v\right) + \frac{\partial}{\partial z}\left(FA_z \omega\right) + \xi\frac{FAu}{x}\right] = F_{DIF} + F_{SOR} \tag{6.4}$$

其中

$$F_{DIF} = \left[\frac{\partial}{\partial x}\left(U_F A_x \frac{\partial F}{\partial x}\right) + R\frac{\partial}{\partial y}\left(U_F A_y R\frac{\partial F}{\partial z}\right) + \frac{\partial}{\partial z}\left(U_F A_z \frac{\partial F}{\partial z}\right) + \xi\frac{U_F A_x F}{x}\right] \tag{6.5}$$

式中，F 为流体体积分数；A_x、A_y、A_z 分别为 x、y、z 方向的微元面积；u、v、ω 分别为 x、y、z 方向的流体速度；ξ 为坐标系数，采用直角坐标时，$\xi = 0$，采用圆柱坐标时，$\xi = 1$；F_{DIF} 为体积分数扩散项；F_{SOR} 为体积分数密度源项；R 为系数，采用直角坐标时为常数；U_F 为扩散系数，$U_F = C_P \mu / \rho$，其中 C_P 为常数，是紊流施密特数的倒数，μ 是动能消散系数，ρ 是流体密度。

该模型的建立是通过模拟圆锥型鱼道中的三个池室运行状况，同时根据鱼道建设的发展，提出对鱼道发展有利的建议。本模型采用 1∶1 的比例模拟该段鱼道的水流流动状况，模拟段全长 12.6m，鱼道底宽 1m，每个池室的长度为 1.5m，圆锥型堰大头半径 0.4m，小头 0.2m。利用 Fluent 的前处理软件 Gambit 建立模型，网格采用正六面体网格和混合网格两种，在圆台型堰处采用网格的局部加密，进口采用速度入口（velocity-inter），出口选用压力出流（pressure-outer），其他边界设为 wall，最后生成 mesh 文件进行计算求解。

根据模型尺寸建立 1∶1 三维数值模型（利用 Gambit 软件和 CAD 软件），设置合适边界条件，导入 Fluent 软件中设置参数后计算求解；处理数值模拟结果并结合鱼道物理模型实验结果，对比数值模拟结果与实验研究的差异性。若结果比较接近，则说明数值模型参数是可行的；反之，可以通过调整模型参数调整模拟结果，直到与实验结果吻合为止。分析与评价模拟的结果，并根据流场的水力特性，提出存在的问题。

　　鱼道内流速的分布状态关系着鱼类能否顺利洄游，因此对鱼道入口流速进行研究，为充分发挥鱼道功能和保证过鱼效率提供数据依托。根据流动相似原理，将工程实际的流速换算成模型流速，考察流场内水流特性，设置进口流速分别为 0.20m/s、0.24m/s、0.28m/s、0.30m/s、0.32m/s、0.36m/s 和 0.40m/s。

　　鱼道内水位的变化对于某些鱼类有较大影响。淹没孔口式的隔板式鱼道在不同水平截面流态不同，存在较大的竖向流速，故而水位会影响到流态。此处采用的水位分别为 2.25m、2.5m、2.75m、3.0m 和 3.25m。

　　鱼道内挡板转角角度的不同，会对水流的流态产生明显的改变，而流态对于整个鱼类洄游至关重要。转角角度过大，一方面会降低流场内水流最大速度，让爆发游泳速度小的鱼更好的洄游；另一方面会减少回流区域的面积，从而减少鱼类洄游的休息区域。拟采用的挡板转角角度分别为 60°、70°、80° 和 90°。

　　鱼道的坡度是改变水流流态的一个重要因素，坡度越大，鱼道上溯的距离就越短，越能节约经济成本，但是水流流速也会随之增大，鱼类上溯的难度也增大。因此，找到合适的坡度是鱼道设计中的关键。此处采用的底坡坡度分别为 1°、2°、3° 和 4°。

6.3.3　流场模拟及可视化结果

　　综合考虑影响鱼类洄游的五个外界因素，包括入口流速、底坡糙率、挡板转角角度、坡度和水位高度，得出不同条件下的流态、速度场及紊动能的情况。结合主要研究对象（四大家鱼）洄游特性进行分析，利用单因素方差分析得出鱼道模型最优条件，为鱼道建设与运行提供可行性方案。图 6.21 给出了构建的两种体型的池堰式鱼道。

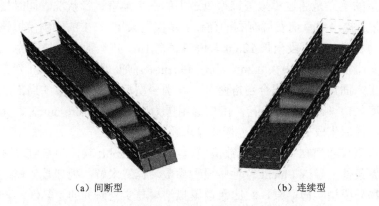

（a）间断型　　　　　　　　　　　　（b）连续型

图 6.21　池堰式圆锥型溢流堰鱼道间断型和连续型分布图

1. 流场形态可视化

整个水槽中水流受到隔墩的阻挡与挤压，产生明显的绕流现象，右大左小的墩子处，主流偏左，左大右小的墩子处，主流偏右，流态呈 "S" 形。主流两侧各有一个大小不一的回流区。在墩子处，水流有被雍高的现象。回流区中流速甚小，接近静水状态，而回流区边缘部分水流则相对较大。模型实验和数值计算的流态变化规律类似：水流受到了各个池室圆锥型堰影响，产生明显绕流现象，堰的顶部水流形成高流速区，侧方和后部形成低流速区和回流区，主流不断受到墩子影响产生偏转，呈现了蜿蜒曲折的水流特点。流场情况见图 6.22 和图 6.23。

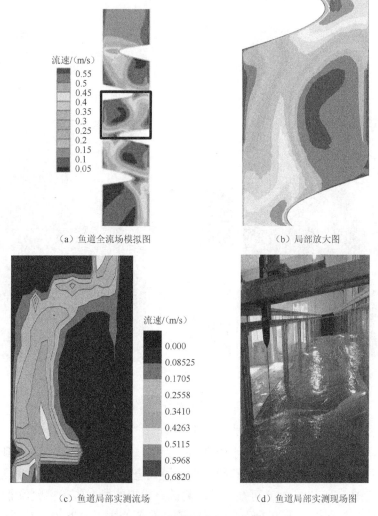

（a）鱼道全流场模拟图   （b）局部放大图

（c）鱼道局部实测流场   （d）鱼道局部实测现场图

图 6.22 鱼道模型流场可视化图 1

入口流速 0.1m/s，流量 35L/s，坡度 1%，间断型

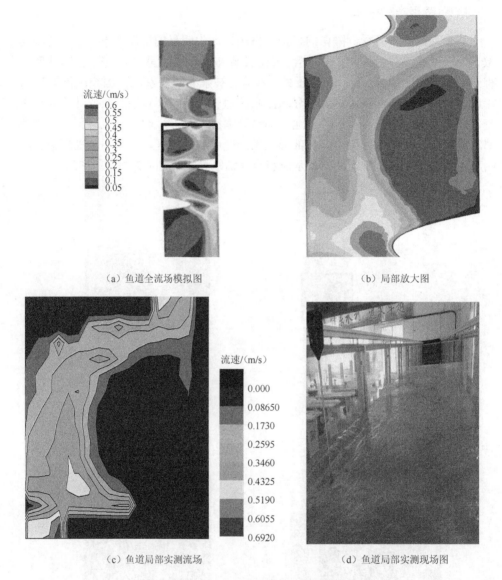

图 6.23　鱼道模型流场可视化图 2

入口流速 0.1m/s，流量 35L/s，坡度 2%，间断型

　　将观察池室（两堰之间）沿水流方向分为 16 个断面，表示为线 1 到线 16，分别提取各断面模型实验最大值和数值模拟最大值，做柱状对比图，见图 6.24 和图 6.25。由图 6.24 和图 6.25 可知，各段测试点模拟的最大值和实验值非常接近，除部分点外，差别均小于 0.2m/s，整个主流区流速均大于 0.3m/s。在圆锥型堰顶附近流速达到最大，堰后出现两个大小不一的回流区。

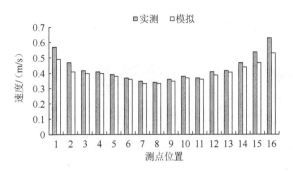

图 6.24　鱼道模型流场实测与模拟结果对比图 1

入口流速 0.1m/s，流量 35L/s，坡度 1%，间断型

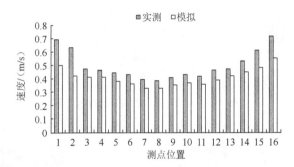

图 6.25　鱼道模型流场实测与模拟结果对比图 2

入口流速 0.1m/s，流量 35L/s，坡度 2%，间断型

　　模拟与实验的结果均显示流速呈现两边大，中间小的趋势，且实测值均大于模拟值。由于主流区有大小不一、强度不等的漩涡，对于测量结果会产生一定的影响。

　　数值模拟是研究鱼道水力学的基本方法之一，此处采用 RNG k-ε 湍流模型建立圆锥型鱼道三维数值模拟，并利用 1∶1 的物理模型实验结果进行率定。结果表明：该数学模型模拟的鱼道池室流态、流速部分水力学参数与物理模型实验十分接近，具有较高的可靠性和计算精度，可用于该鱼道的三维数值模拟。

　　2.　鱼道流场紊动能模拟及可视化

　　图 6.26 为不同水深断面紊动能模拟情况，由图可知，紊动能靠近堰处较大而池室中部较小，不同水深最大紊动能分布为：0.019m²/s²、0.014m²/s² 和 0.014m²/s²；随着水深的增加，紊动能逐渐减小，较大紊动能范围也逐渐变小。

　　间断型和连续型鱼道竖缝流速沿程变化规律类似如图 6.27 所示，且流速大小差别不大，最大流速差别不到 0.1m/s，最大流速间的差距不到 20%。圆锥型堰对水流的消能作用表现明显，可以看出连续型堰的池室内的流速略高于间断型堰。

因此，连续型堰适于游泳能力强的鱼类快速洄游，而间断型堰适于游泳能力较弱的鱼类上溯洄游。

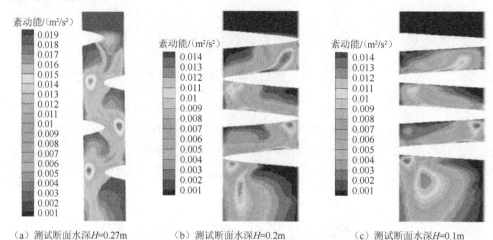

（a）测试断面水深H=0.27m　　　　（b）测试断面水深H=0.2m　　　　（c）测试断面水深H=0.1m

图 6.26　不同水深断面紊动能模拟图

口流速 0.1m/s，流量 35L/s，坡度 1%，间断型

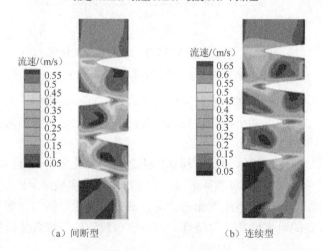

（a）间断型　　　　　　（b）连续型

图 6.27　间断型和连续型鱼道竖缝流速沿程变化

入口流速 0.1m/s，流量 35L/s，坡度 2%

紊动能反映流体紊动的特性，体现流体的波动情况，紊动情况跟单位体积消能也有关，鱼道池室的能量耗散情况影响着洄游鱼类通过鱼道的效率。单位体积消能率可以表示为

$$E = \rho g Q \Delta h / V \tag{6.6}$$

式中，E 为单位体积消能率（W/m³）；ρ 为水的密度（kg/m³）；g 为重力加速度（m/s²）；

Q 为流量（m³/s）；Δh 为水池间水位落差（m）；V 为水池中水的体积（m³）。

对于池堰式鱼道，在确定各细部结构尺寸时，不仅要考察水流结构与流速分布，还要关注各级水池内的能量耗散情况。Larinier 等（2002）曾对鱼道的消能率进行过深入研究，给出了各级水池内的单位体积消能率 E 不宜大于 200W/m³ 的建议。因此需要对单位体积水体消能率进行复核计算，其中 $\rho=1000$kg/m³，$g=9.81$m/s²。结果表明，鱼道池室表面紊动能和消能率相关性较好，两者呈线性正相关关系，且该体型在不同流量下能够满足单位水体消能率不大于 200W/m³ 的要求。

参 考 文 献

毕慈芬, 徐双民, 李桂芬, 2003. 砒砂岩地区沟道沙棘植物"柔性坝"原型拦沙研究[J]. 水资源开发与管理, 1(1): 6-12.

储威威, 2015. 水工建筑物中掺气减蚀的研究[J]. 水利工程, (6): 96-98.

郭燕鹤, 张家明, 等, 2017. 水垫塘不同水流结构区掺气浓度分布规律试验研究[J]. 水利水电技术, 48(5): 81-86.

李彬, 2011. 新型整治工程河段局部流场精细数值模拟[D]. 郑州: 华北水利水电学院.

李梦杰, 2015. 组合式人工鱼礁的 PIV 二维流场效应与物理稳定性研究[D]. 上海: 上海海洋大学.

刘文伟, 邹杰杰, 等, 2004. 流场拟合法在堤坝隐患探测中的应用实践[J]. 水利技术监督, 12(2): 52-53.

邱秀云, 阿不都外力, 程艳, 等, 2003. 植物"柔性坝"对水流影响的试验研究[J]. 水利水电技术, 34（9）: 62-65.

王辉, 2015. 大伙房水库流场及水温分布的数值模拟研究[D]. 大连: 大连理工大学.

王继敏, 杨弘, 2017. 锦屏一级水电站泄洪消能关键技术研究[J]. 人民长江, 48(13): 85-90.

王林森, 黄国兵, 等, 2017. 水流掺气设施布置型式的研究总结与展望[J]. 长江科学院院报, 34(4): 52-55, 60.

王猛, 史德亮, 陈辉, 等, 2015. 竖缝式鱼道池室结构变化对水力特性的影响分析[J]. 长江科学院院报, 32(1): 79-83.

王张斌, 2008. 流体可视化技术在沙棘柔性坝流场测量中的应用研究[D]. 西安: 西安理工大学.

杨永森, 1994. 跌坎型掺气槽过流的掺气特征[J]. 水利学报, (2): 65-70.

杨永森, 杨永全, 2000a. 掺气减蚀设施. 体型优化研究[J]. 水科学进展, 11(2): 144-147.

杨永森, 杨永全, 帅青红, 2000b. 低 Fr 数流动跌坎掺气槽的水力及掺气特征[J]. 水利学报, 31(2): 27-31.

于广年, 王义安, 2013. 低水头枢纽仿生态鱼道水流条件研究[J]. 水道港口, 34(1): 61-65.

张华杰, 2014. 湖泊流场数学模型及水动力特性研究[D]. 武汉: 华中科技大学.

KATOPODIES C, WILLIAMS J G, 2012. The development of fish passage research in a historical context[J]. Ecological engineering, 48(7): 8-18.

LARINIER M, TRARADE F, 2002. Fishway: Biological Basis, Design Criteria and Monitoring[M]. Boves: Food and Agriculture Organization of The United Nations.

RUTSCHMANN P, HAGER W H, 1990. Design and performance of spillway chute aerators [J]. International water power & dam construction, 42(1): 36-42.

WANG M, CHENG W, HUANG J, et al., 2016, Effects of water-level on water quality of reservoir in numerical simulated experiments[J]. Chemical engineering transactions, 51: 733-738.